# 圖表

How Charts Lie: Getting Smarter About Visual Information

# 會說謊

**圖表設計大師教你如何揪出圖表中的魔鬼，**
**不再受扭曲資訊操弄**

艾爾伯托・凱洛 Alberto Cairo 著
洪夏天 譯

推薦序

# 當眼見也無法為憑，圖表素養就是一種必要

——政大新聞系教授　劉慧雯

　　開票結束了，各家電視新聞依據中選會公布的選舉結果與最終得票數，展開各式各樣分析。什麼人在哪裡拿下哪個市鎮村落，哪個政黨更受年輕都會選民的青睞⋯⋯大量圖表占據視線，並解釋著每一雙緊盯民主活動的眼睛。

　　在互動新聞時代，資訊圖表被認為能夠濃縮大量資訊，並且以簡潔而一目瞭然的方式呈現複雜甚至動態的事態。透過資訊圖表的協助，閱聽人得以更迅速掌握多重變項之間交替影響的歷程與結果。柱狀圖、折線圖，或者圓餅圖和象限圖，每一種圖表代表一種編碼和詮釋的方式。然而，身為閱聽人的我們是否有足夠的圖表素養能正確識讀展開在我們眼前的各式圖表？

　　圓餅圖能呈現類目占比多寡的分配關係，那麼美化成立體、側向，甚至加上顏色濃淡，是不是更能凸顯大小之間的落差？的確可以，一個3D圖示，在電視畫面、網頁排版和報紙版面上，看起來專業多了！然而，將二維平面上的圓餅圖傾斜展示為三維圖像時，占據下方／前方的那一塊，卻被不當地擴大了。如果我們藉此判斷一種意見的強烈程度，那麼愈是看起來炫目華麗的圖表，就愈有可能讓我們眼見更難以為憑。

　　本書以日常常見的圖表為例，鉅細靡遺地展示資訊圖表化的過程中，可能發生的各種簡化、扭曲與誤解。從資料來源產製資料時的偏頗，到美化圖示過程中的編輯手法，再到對圖表說明的完備程度，一再重新構造數

字的意義。這些對資訊意義的重構，因為足以影響閱聽人判斷社會活動的
依據，更顯得需要為人察覺，並更為警覺。

沒有數字，我們就無法了解世界。然而，我們也無法單從數字去了解世界。

　　——漢斯‧羅斯林（Hans Rosling），《真確》（*Factfulness*）


民眾必須明辨什麼是真話，什麼是自己想聽的話，才能擁有自由。專制主義的到來，並不是因為人們喜歡獨裁專制，而是因為人們沒有能力分辨事實與渴望的差別。

　　——提摩希‧史奈德（Timothy Snyder），《自由之路》（*The Road to Freedom*）

謹以此書獻給我的父母

自序

# 正確解讀圖像資訊，擊退生活中的假資訊

　　2016年美國總統大選落幕後，我於2017年1~12月間完成本書初稿。自1997年開始從事圖表設計以來，我製作了各種曲線圖、長條圖、地理分布圖、資訊圖表，但直到2012年開始，我才著手研究人們如何解讀、使用——或不如說是「誤讀」、「誤用」圖表。教育程度不同、專業背景各異的人們，卻都常在不知不覺中誤解、誤用了圖表，還有些居心不軌的人士刻意扭曲圖表呈現的數據，哄騙民眾。

　　見證2016年總統競選過程後，我意識到人們亟需這樣的一本書。那一年，不只是美國的社群媒體平台充斥錯誤新聞和假資訊；連我的母國西班牙，還有我住了4年、我兩個孩子的出生地巴西，也躲ㄅ開假新聞和錯誤資訊的襲擊。各黨各派的政治人物和宣傳人員用拙劣的圖表和漏洞百出的數字攻擊彼此，且次數愈漸頻繁，著實令人憂心。

　　我覺得我該起身行動。也許人們需要一本工具書，一本圖表說明手冊，讓所有人更了解呈現數據的圖像資訊，在面對圖表或地理分布圖時，更加小心謹慎，保持懷疑的態度。不只如此，也讓人們更明白自己握有的力量，意識到只要我們懂得設計圖表、詮釋圖表，圖表會幫助我們了解真相，也能讓人與人之間的溝通更加順暢。這就是本書的目的。

　　我來自西班牙，目前定居美國，擔任教授和顧問二職，因此本書提及的例子多來自西班牙和美國。儘管如此，我在本書提出的建議絕沒有國界之分，我相信世界各國的讀者，都能把本書原則應用在日常生活中。有些眾人熟悉的迷思並不正確，比如「一圖勝千言」——錯，除非你很清楚如何解讀那張圖；或者「數據不證自明」——錯，所有的數字都必須審慎檢

視，推敲詮釋，考量背景脈絡，才有意義。這些迷思存在於世界各地，在我任教過或拜訪過的國家，其中也包括義大利，我都常聽到人們不明就裡地重複這些言論。

本書提到的第一個例子，是美國大選投票結果的地區分布圖，它常被用來證明共和黨獲得選民壓倒性的支持，可是這樣的解讀是錯誤的。人們忽略了分布圖中各地區的人口密度差異，而在其他地方也常發生類似的誤解實例。比方來說，下圖呈現了義大利2018年眾議院的選舉結果。如果我不清楚義大利的人口分布，或者我沒有花點心思反思一下，我可能會對義大利各黨派聯盟的民間支持度做出錯誤的推斷，只在乎比較究竟是紅色的地區比灰色多，還是灰色地區比紅色多？

在2018年眾議院選舉中獲得較多選票的聯盟：
■ 中左翼聯盟
■ 五星運動
■ 中右翼聯盟

問題是，這樣的圖表根本無法用來解釋我想知道的事，而它的目的也不在於此。接下來你很快就會看到的美國選舉地區分布圖，也有同樣的問題。上圖顯示的是**誰在哪裡贏了選舉**——這就是它**唯一**的功能，

而不是每個聯盟**獲得多少人支持**。比方來說，看起來五星運動（Five-Star Movement）在某些地方獲得比其他聯盟更多的支持，比如薩丁尼亞（Sardinia），然而薩丁尼亞的面積很大，人口卻十分稀疏。請看下方的人口密度圖。

新聞與社群媒體每天都充斥著各式各樣的圖表，而我們自以為瞥過一眼就能看穿它們，但事實並非如此。本書旨在提醒世人，圖表絕非一目瞭然。在這個時代，追求特定利益的團體和居心不軌的人士把資訊當作武器，而那些我們用來吸收資訊的平台，進一步鼓勵我們快速瀏覽一則又一則摘要饋給（feed），不要費心分析我們看到的、聽到的、讀到的究竟是什麼。在這樣的環境下，我認為提出這個提醒乃當務之急。

希望本書接下來的內容，會讓各位讀得津津有味。

——艾爾伯托・凱洛於佛羅里達邁阿密，2020年1月

前言
# 放眼即圖表的世界

　　我們每天都會在電視、報紙、社群媒體、教科書，甚至廣告中看到各式各樣的圖表，從表格、統計圖、地理分布圖到示意圖，可謂目不暇給。本書要說的是，這些圖表其實都在欺騙我們。

　　人人都聽過一句流傳已久的俗語：「一圖勝千言。」我希望人們停止傳頌這句話，不然至少加上附加條件：「如果你懂得如何讀一張圖，那麼它能勝過千言萬語。」就連最常見的地理分布圖和長條圖，其實都曖昧模糊，有的甚至十分費解。

　　這實在令人憂心。數字具備強大的說服力，圖表也是如此。因為我們習於把數字和圖表當作科學與理性的象徵。數字和圖表看起來、感覺起來既客觀又精確，因此它們兼具吸引力與說服力。[1]

　　政治家、市調公司和廣告公司向民眾拋去眼花撩亂的數據和圖表時，並不認為我們會追根究柢。他們宣稱這次減稅措施會讓每個家庭一個月平均省下100美金；失業率降到歷史低點4.5%，全都歸功於我們的經濟振興計畫；59%的美國人不贊同總統的表現；10名牙醫中有9人推薦這個牙膏；今天降雨機率是20%；多吃一點巧克力可能會讓你奪得諾貝爾獎。[2]

　　我們一打開電視，翻開報紙，或者連上愛用的社群網絡，就會看到一連串吸睛浮誇的圖表。如果你是在職人士，你的工作表現很可能會透過圖表來評估與呈現。你自己可能也會製作圖表，用在課堂報告或商業會議的簡報中。一些用詞誇張的作家會以「數字暴政」或「度量暴政」描述人們把萬事萬物加以量化的習慣。[3]處於現代社會的我們，非常容易就被數字以及那些用來代表數字的圖表所吸引。

　　圖表會誤導我們。就連用意良善的製圖者，也常會設計出令人誤解的圖表。然而，它們也能告訴我們真相。設計優秀的圖表帶給我們強大的力量。它們刺激對話，讓我們獲得X光般的透視能力，得以看穿複雜的龐大數據，窺見隱藏的線索。我們的日常生活中隱藏了許多數字，而圖表是呈現數字背後的模式與趨勢的最好工具。

　　好的圖表讓我們更聰明。

　　但我們必須先養成良好習慣，以細心謹慎的態度面對圖表。我們不能把圖表當作插圖一般隨意瀏覽。我們必須學會如何解讀它們，正確地詮釋它們。

　　接下來，就讓我引導你們成為睿智的圖表讀者。

---

注釋：
1. 我推薦David Boyle的著作：*The Tyranny of Numbers*（London: HarperCollins, 2001）。
2. 我寫的一本教科書：*The Truthful Art: Data, Charts, and Maps for Communications*（San Francisco: New Riders, 2016）提過這個案例。
3. Jerry Z. Muller, *The Tyranny of Metrics* (Princeton, NJ: Princeton University Press, 2018).

# 導論

　　2017年4月27日，美國總統唐諾・川普（Donald J. Trump）與路透社三名記者史蒂芬・阿德勒（Stephen J. Adler）、傑夫・梅森（Jeff Mason）和史蒂夫・荷蘭德（Steve Holland）相對而坐，討論他任職滿百日的表現。提到中國及中國國家主席習近平時，川普停頓了一下，將2016年選舉得票分布圖遞給三位訪客：[1]

　　接著總統說道：「這給你們。瞧，這是最後得票數字的地區分布圖。很不錯吧？紅色當然是我們囉！」

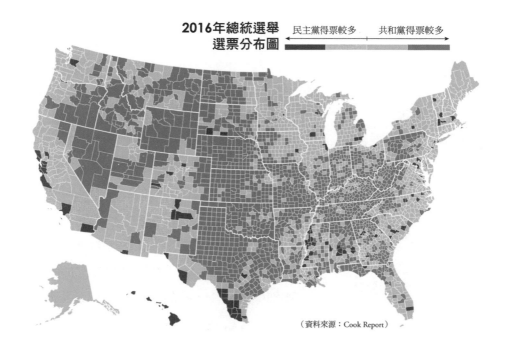

（資料來源：Cook Report）

我讀到這篇訪談時，完全可以理解為什麼川普熱愛這張地區分布圖。儘管大部分的選前預測都對他不利，說他選上的機率僅有1~33%；共和黨並不信任他；他的競選策略很陽春，常常雜亂無章；他對婦女、少數族群、美國情報組織甚至老兵，都發表過爭議性十足的言論，但他最終還是贏得2016年的選舉。許多權威專家和政治人物都曾揚言川普會敗下陣來，但結果證明他們錯了。不管機率多麼小，他還是登上了美國總統寶座。

然而，勝選並不代表他有權散布誤導民眾的圖像。不知道任何背景脈絡，光看這張圖的話，它只是一張令人困惑的地區分布圖。

2017年間，這張圖出現在許多地方。根據美國媒體《國會山報》（*The Hill*）報導，[2] 白宮職員宣稱在西翼辦公室的牆上就掛著這張圖的放大版，還裱了框。保守派媒體也常吹捧這張圖，比如福斯新聞（Fox News）、布萊巴特新聞網（Breitbart）、信息戰（InfoWars）及其他各種媒體。右翼社群媒體明星傑克·波索比克（Jack Posobiec）甚至把這張圖當作他的新書《挺川公民》（*Citizens for Trump*）的封面，請見下圖。

我從事圖表設計20年，也教導人們設計圖表。我相信任何人（包括讀者們）都能學會如何解圖以及創作優秀的圖像。因此大多時候，我都會樂意分享建設性的建議給任何需要的人，不要求任何回報。當我在社群媒體上看到波索比克的書，我就建議他最好改掉書名，不然就是撤掉那張分布圖，因為分布圖與書名說的是兩回事。

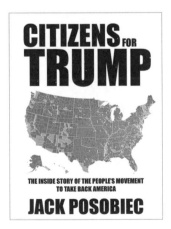

《挺川公民：奪回美國全民運動的內幕》

為什麼那張選票分布圖會誤導民眾？因為那張圖被用來代表每個候選人各得到多少公民票，但事實並非如此。分布圖呈現的不是選民，而是地區。我建議波索比克要不就別用那張圖作封面，找張真的呼應他的書名和副標的圖像，不然就是把書名改成《挺川各郡》（*Counties for Trump*），這才是此分

布圖的真義。但他沒理會我的建議。

　　讓我們試估一下兩個顏色在圖中的占比。紅色代表共和黨，灰色代表民主黨。大略而言，分布圖上80%的面積是紅色，20%是灰色。這張圖暗示選情一面倒，然而川普絕非大獲全勝。選民（也就是波索比克的「公民」）投下的票，其實接近五五波：

### 2016年美國總統大選普選票分配比例圖

| | | |
|---|---|---|
| 川普 | 46.1% | 62,984,825張票 |
| 希拉蕊 | 48.2% | 65,853,516張票 |
| 其他候選人 | 5.7% | |

　　如果我們再挑剔些，還能指出這場選舉的投票率約為60%；₃也就是說超過40%的選民並沒有現身投票所。要是以擁有投票權的所有選民為基礎製作圖表，我們會看到幾位主要候選人所得到的票數，其實都不到全體選民的1/3：

全部選民的百分比

| | |
|---|---|
| 沒投票 | 40% |
| 投給川普 | 28% |
| 投給希拉蕊 | 29% |
| 投給其他候選人 | 3% |

　　若我們真以**全體**公民來計算的話呢？美國人口約3億2,500萬人，當然他們不全是公民。根據凱澤基金會（Kaiser Foundation）的數據，其中約有3億人是美國公民。也就是說，不管是「挺川公民」還是「挺柯公民」，其實都只占了全部公民的1/5多一些些而已。

　　川普向採訪者分發以郡為單位的選舉結果分布圖，立刻引起批評者大力撻伐。為什麼以地區面積呈現選舉結果？為什麼沒有點出許多支持川普的郡（2,626個郡）₄雖然面積廣大但人口稀疏，與此同時，希拉蕊‧柯林

頓（Hillary Clinton）拿下的郡（487個郡）雖然面積較小，卻是人口十分
密集的都會區？

　　下圖由製圖家肯尼斯・菲爾德（Kenneth Field）設計的美國本土投票
結果圖，才真的反映現實。下圖中的每個點都代表一名選民，灰色投給民
主黨，紅色投給共和黨，每個點的位置十分接近（但並非分毫不差）這名
選民投票的地點。由此可見，美國國土一大半都空空如也：

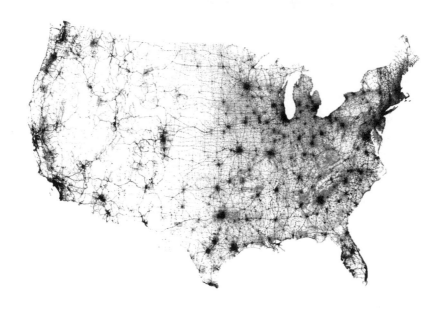

　　我下了不少苦心，力求平衡吸收各方資訊，因此我在網路上關注的對
象，包括各種意識形態的人物和出版社。然而，近年我注意到一個令人憂
心的現象：美國民眾意識形態的分歧愈來愈鮮明，這也造成人們對圖表的
偏好出現嚴重的對立。我讀到許多保守派人士熱愛川普總統向記者分發的
那張以郡為單位的選票分布圖。他們時不時就用自己的網站或社群媒體帳
號轉發它。

　　相反的，自由派（Liberals）和進步派（progressives）人士則偏好《時
代》雜誌（*Time*）和其他新聞媒體提供的氣泡圖（bubble map），₅圖表
以氣泡大小呈現各郡勝選者獲得的選票多寡：

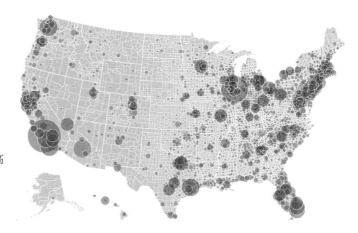

氣泡尺寸呈現了
各郡勝選者的得票數
● 川普的得票數較高
● 希拉蕊的得票數較高

　　保守派和自由派都嘲笑對方太過愚蠢。「你怎會在推特上轉發那張分布圖？難道你看不出來它扭曲了選舉結果嗎？」

　　這可不是個笑話。雙方在這場論戰中，紛紛以不同圖表為武器攻擊彼此，這源自人類常用各種資訊強化自己的信念：保守派樂於相信在2016年選戰中大獲全勝；而自由派人士則強調希拉蕊拿下的普選票比較多，藉此自我安慰。

　　自由派宣稱第一張分布圖用灰紅兩色代表兩大黨，且以郡為單位，並沒有如實反映各候選人的得票數，此話不假；但他們偏愛的氣泡圖也有毛病。氣泡圖只呈現各郡贏家的票數，忽視輸家的得票數。即使在保守黨獲勝的地區，也有很多人投給希拉蕊；同樣的，在進步派占上風的地區，也有很多選民把票投給了川普。

　　要是我們關切的是普選票的流向，菲爾德的分布圖和下頁兩張圖比較精確。我們清楚看到紅氣泡（投給川普）比灰氣泡（投給希拉蕊）多不少，但灰氣泡通常比紅氣泡要大得多。

　　並列這兩幅圖表，就能清楚解釋為什麼幾個州的少數選票足以左右選舉結果；要是把所有出現紅氣泡的地區加起來，比較所有出現灰氣泡的地區，兩者數字其實相當接近：

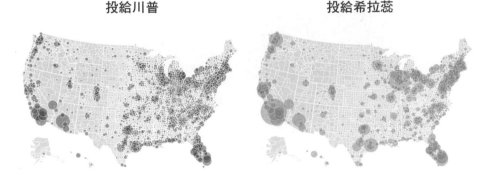

投給川普　　　　　　　　投給希拉蕊

氣泡大小反映各郡投票數

　　然而，保守派和自由派都沒指出真正的重點。若你想要在美國贏得總統選舉，那麼你根本不用在乎支持你的地區面積大小，甚至**全國**究竟有多少人投票給你也不重要。決定誰贏得總統寶座的是選舉人團（Electoral College）和其中的538名選舉人（elector）。要贏得選戰，你至少得獲得270名選舉人的支持。

　　每一州的選舉人人數，等同於此州的國會議員人數：每州都有2名參議員，而眾議員的人數隨一州人口而定。不管一州人口多麼少，都有固定的參議員人數（每州2名），再加上1名眾議院議員，也就是說一州最少有3名選舉人。

　　就小州而言，它們的選舉人人數遠超過其他州按人口數計算的結果：不管一州人口多稀疏，都至少會有3名選舉人。

　　如何決定一州的選舉人支持誰呢？除了內布拉斯加和緬因州以外，即使一州的普選票結果不相上下，某名候選人只以些微之差險勝，但一旦他或她贏了，就能獲得此州所有選舉人的支持。

　　換句話說，即使你的得票數只比其他對手多一張，你就是選戰贏家，其他多出來的選票都無關緊要。你不用在乎自己的得票數是否過半，只要你拿下的選票比較多，即使只是多一張而已，也已足夠。如果你在一州取得45%的普選票，你的兩名對手則分別拿到40%和15%，那麼那一州所有

的選舉人票都是你的。

　　川普獲得304名選舉人的支持。希拉蕊雖然拿下較多的全國普選票，比川普多了300萬票，而且人口眾多的州（如加州）支持她的人很多，但最後只有227名選舉人投給她。有7名選舉人跑票，投給根本不在候選名單中的人。

　　因此，要是有天我當選美國總統（這當然不可能發生，因為我的出生地並非美國），而我為了慶祝勝利，打算印製幾張圖表，裱上框，掛在白宮辦公室牆上，那麼我會印下面的圖。它們呈現真正主宰選舉結果的數據——既不是支持我的郡有多少，也不是我拿到幾張普選票，而是每個候選人奪得的選舉人票數：

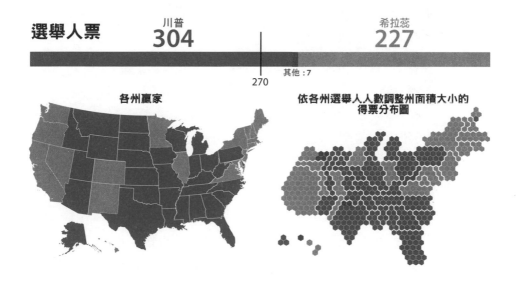

**分布圖：看似簡單明瞭卻常遭到誤用**

　　你在本書會學到各種圖表，地區分布圖（Map）只是其中之一。可嘆的是，分布圖卻是最常被誤用的圖表之一。2017年7月，我聽說一名名叫「搖滾小子」（Kid Rock）的美國歌手打算投入2018年的參議員選舉。 ₆

後來他宣稱那只是玩笑話,,但當時聽起來他似乎真有此意。

　　我不大熟悉搖滾小子這號人物。我瀏覽了一下他的社交媒體帳號,看到他在個人線上網站(KidRock.com)販售一些商品。我熱愛各種圖表和分布圖,一看到他賣的T恤上印著一個以有趣的方式呈現2016年大選結果的地圖,眼睛立刻為之一亮。根據搖滾小子的說法,選舉結果其實標出了兩個國家的國界,請見下圖。

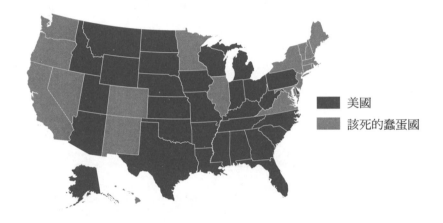

美國
該死的蠢蛋國

　　想必此刻你已注意到,這張圖並沒有正確指出美國(也就是共和派美國)和該死的蠢蛋國(也就是民主派美國)的國界。此時用上各選區或各郡的選舉結果分布地圖會比較精確。

　　現在容我離題一下。2005~2008年間,我住在北卡羅來納州。我來自西班牙,因此在此州落腳之前,我對所謂「柏油腳跟州」(Tar Heel State)[8]的了解不深,只知道當我翻閱西班牙報紙時,各屆美國總統選舉得票分布圖中,這兒多半是紅色。當時我以為自己接下來要住的地方偏保守派。這無傷大雅,我的意識形態中庸。但我的預設錯誤了。令我意外的是,要是我們沿用搖滾小子的分類,那麼我抵達的地方並不是美國,而是該死的蠢蛋國!我住在北卡羅來納州奧蘭治郡的教堂山一卡勃羅市(Chapel Hill-Carrboro)一帶,這兒的政治氣氛偏進步和自由派,比州裡大部分地區都更開放。

現在我住在佛羅里達州的肯德爾（Kendall），屬於大邁阿密區的一部分，這兒也以該死的蠢蛋國傳統為傲。要是搖滾小子的T恤真想指出美國與該死蠢蛋國的國界，我想下面這張圖比較妥當：

美國
該死的蠢蛋國
我住過的地方

## 整體數據與異常值

川普於2018年1月30日首次發表國情咨文。右派權威專家紛紛讚揚他看提詞機唸稿的能力卓越，左派的人則批評他。川普花了不少時間討論犯罪議題，吸引了經濟學家、諾貝爾獎得主及《紐約時報》（*New York Times*）專欄作家保羅·克魯曼（Paul Krugman）的注意。

川普在2016年總統競選期間以及上任後第一年，曾在不同場合數次提及美國的暴力犯罪急劇增加，特別是謀殺案。川普把這些現象怪罪到移民身上，然而這種說法明明已被推翻了好幾次。克魯曼在專欄中把川普的行為說成「狗吹哨子」（dog whistle），[9]。[10]

克魯曼還進一步批評，說川普並非「把一個問題誇張化，也不是怪罪錯的對象。事實上，川普是在創造一個根本不存在的問題」，因為「美國犯罪率並未激升。近年雖有幾次例外，但美國大部分的大城市，當非美國出生的人口大增的同時，暴力犯罪也令人意外地急劇下降。」

克魯曼提供次頁圖為證：

美國謀殺率（各年度每10萬人口發生的謀殺案件數）

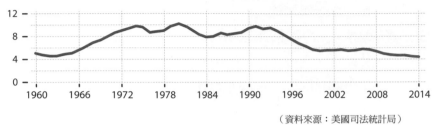

（資料來源：美國司法統計局）

乍看之下克魯曼說得沒錯：自1970、1980年代和1990年代初期的高峰之後，美國謀殺案件數量明顯下降。就暴力犯罪整體而言，也呈現一樣的趨勢。

然而，一篇發表於2018年的文章，只列出2014年前的數據，豈不是很奇怪？雖然犯罪詳細數據難以取得，克魯曼也不可能在文章刊登時得到當年度最新資料，但當時美國聯邦調查局已公開2016年的實際數據，也對2017年提出初步預估。₁₁ 要是我們在圖表上加上近幾年的數據，結果如下圖。2015、2016、2017年的謀殺案都增加了。

美國謀殺率（各年度每10萬人口發生的謀殺案件數）

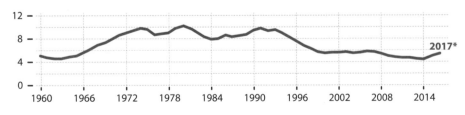

＊2018年1月31日官方對2017年的估計

這看起來並不像是一時的「例外」，但我也並不認為克魯曼這樣成就非凡的人會刻意隱瞞相關數據。身為圖表設計師和記者的我，也曾犯過許多愚蠢的失誤，因此我學到的教訓是，千萬別把能解釋為粗心大意、草率或懶散的過錯，歸類為惡意行徑。

正如克魯曼所寫的，今日的謀殺率遠比30年前低上許多。要是你以宏觀的角度檢視整個圖表，那麼謀殺案的長期趨勢的確朝下走。堅持立法嚴懲犯罪的政客和專家常為一己方便而忽略這一點，刻意放大過去這幾年的趨勢。

然而，2014年後緩慢回升的數據亦有其重要性，不該被隱藏。只是，它的重要性究竟多大呢？這端看你住在哪兒。

這個全國謀殺率圖看起來清楚明瞭，但它所**隱藏的現實和它所呈現的一樣多**。這是圖表的特色之一，因為圖表通常是把非常複雜的現象簡化後的成果。並不是美國各地都發生愈來愈多的謀殺案。事實上，大部分地區都非常安全。

在美國，謀殺案其實是某些地區特有的問題：中大型城市往往有幾個街區特別暴力，謀殺案件居高不下，足以扭曲全國數。 10 如果我們用上圖的縱橫軸單位繪製危險街區的謀殺案件，結果絕對會超過圖表的網格線，甚至會超出一整個頁面！相反的，如果我們繪製全國謀殺率圖時，排除出現極端值的地區，那麼上圖趨勢線不但會十分平緩，甚至會在近年呈下降趨勢。

當然，我們不該這麼做。那些看似冰冷無情的數字，代表了慘遭不幸的每一個人。然而，我們可以，也應該要求，政客和專家討論這些數據時，必須**同時**提供整體數據，和**足以扭曲整體數據的極端值，也就是所謂的「異常值」**（outliers）。

讓我舉個例子來解釋統計學，幫助大家了解異常值的角色。想像一下，你在酒吧裡喝啤酒。酒吧裡還有其他8個人正輕鬆地喝酒談笑。你們之中任何一個人，都不曾殺過半個人。接著，第10個人走了進來，他專門為某幫派執行殺人滅口的任務，目前他已解決了50個對手。這樣一來，酒吧內每個客人的平均殺人數突然激增為5人！當然，這並不代表與專業殺手身在同一間酒吧的你是名殺手。

## 製圖誤區：設計不良與標示錯誤

　　現在讀者明白圖表會說謊，不是提供錯誤資訊，就是太少資訊。然而，一張圖表也能在呈現正確且適量的資訊之餘依舊說謊。這是設計不良或標示錯誤造成的。

　　2012年7月，福斯新聞宣布時任總統的巴拉克・歐巴馬（Barack Obama），打算在2013年初終止前總統喬治・布希（George W. Bush）的聯邦最高稅率減免政策。最有錢的一群人可能得付多一點稅。但要多付多少？請大家瞧瞧下方左圖，以左邊灰柱的高度估計右邊紅柱。灰柱象徵布希總統時期的最高稅率。看，稅率會增加那麼多！多駭人啊！

　　福斯新聞只展示這個圖表幾秒鐘。雖然圖中標了單位，但字體太小了，觀眾根本看不清楚（下方右圖）。請注意，稅率大約增加5%，但設計低劣的柱狀圖卻誇張了增加的比例：

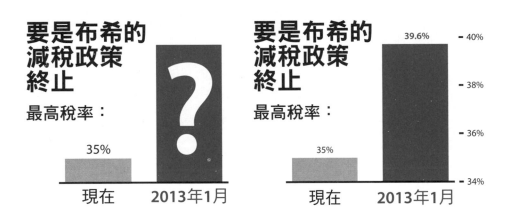

　　我和每個人一樣都希望稅率愈低愈好，但我更討厭人們用不可信的圖表宣稱自己有理。我並不在乎設計圖表的人政治傾向為何。此圖的設計者違背了這一行最基本的原則：當圖形用長短或高低表現數值時（此例以柱狀高度表現數值），那麼圖形的長短與高低比例必須等同於數值的比例。

因此，這種圖的基準線最好以0為起點：

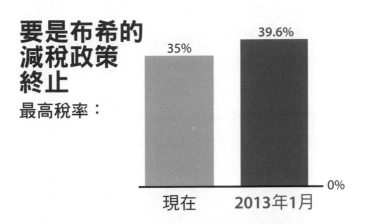

本書會提到各種扭曲數值的矇混技巧，而其中最容易被看穿的，就是設計一個基準線不是零的長條圖、柱狀圖。然而除了玩弄比例以外，來自各種意識形態的騙子和說謊者還會用許多把戲混淆視聽，我們很快就會見識到其中有不少技巧都沒那麼容易發現。

## 正確解讀的重要

即使圖表設計正確，如果我們不懂得如何正確解讀，還是很容易上當。比方來說，我們可能不懂圖表的符號和「文法」，或者誤解了它的意思，或者在這兩方面都出了錯。許多人以為圖表是漂亮易懂的插圖，但事實並非如此；優秀的圖表常常一點也不簡單，無法輕易理解，不能單靠直覺判斷。

2015年9月10日，皮尤研究中心（Pew Research Center）發表了一份測驗，調查美國民眾對基礎科學的理解。[11] 其中一個問題要求受訪者解讀下頁圖表。請讀者也看一看，想一想，先別擔心自己有沒有犯錯。

也許你從沒看過這種圖，它稱作**散布圖**（scatter plot）。每個點代表一個國家，但我們不用知道哪個點代表哪一國。每個點在橫軸的位置，對

應國內民眾每天糖分攝取的平均值。換句話說,當一點愈靠右,就代表平均而言,此國國民每天攝取的糖分愈多。

一點在縱軸的位置,對應每人的齲齒數。因此,如果一點的位置愈高,代表這個國家的國民平均而言有愈多蛀牙。

**每人糖分攝取量和平均齲齒數的關聯**

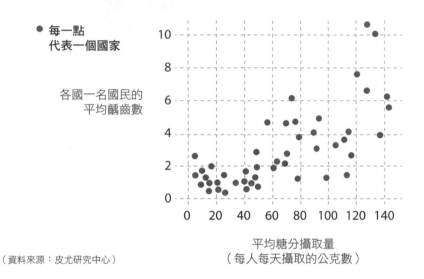

（資料來源：皮尤研究中心）

平均糖分攝取量
（每人每天攝取的公克數）

你可能看出了一個趨勢:除了幾個例外,大略而言一點的位置愈靠右,通常平均齲齒數也就愈高。這代表兩個測量指標有正**相關**（positive correlation）:一國的糖分攝取量與齲齒數之間有正向關聯。（然而單就這張圖本身,並不足以證明攝取愈多的糖,就會造成愈多的蛀牙,但我們很快就會談到這一點。）

除了正相關,也會有負相關;比方說,一國教育水平愈高,通常窮人比例也愈少,這就是教育水平與窮人比例有負相關。

散布圖和我們在小學時學到的其他圖表一樣歷史悠久,比如長條圖、線圖和圓餅圖。然而,每10名受訪者約有4人（37%）無法正確解讀

這張圖。可能問卷設計的問題不夠清楚明瞭，或可能受到其他因素影響，但我認為從這場實驗可看出，社會上許多人對圖表的理解甚少。然而圖表不但經常出現在科學領域中，新聞媒體也愈來愈常使用圖表。

不只散布圖令人困惑。其他乍看之下似乎簡單易懂的圖表，其實也有許多人看不懂。哥倫比亞大學一群研究者，向超過100名受訪者展示下面這張圖：12

**每週食用的水果份數**

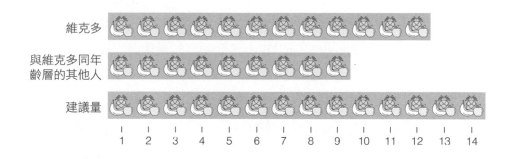

（資料來源：Anriana Arcia, Columbia University School of Nursing）

上圖中，一名虛構人物維克多每週食用的水果量，比同年齡層的其他人多，但少於官方建議的每週14份。

這張圖要說的是：「維克多現在每週會吃12份的**各種水果**。他攝取的水果量多於同年齡層其他人的平均攝取量，但12份水果並不夠。他得吃14份才夠。」

然而許多受訪者判讀這張圖時，過度重視圖像符號。他們以為維克多只能吃圖中畫出的那**幾種**水果，而且要吃到圖像顯示的量，一週還得吃14份才行！一名受訪者甚至抱怨道：「真的得吃一整顆鳳梨才行嗎？」要是把象徵水果的符號換成一顆蘋果，受訪者的理解也一樣，一名受訪者抱怨每天只能吃同一種水果實在太「單調」了。

## 圖表具有說服力，卻也容易加深偏誤

儘管許多人無法正確判讀圖表，它們的吸引力和說服力依舊銳不可擋。2014年，紐約大學一群學者進行了數場實驗，瞧瞧圖表的說服力比文字強多少。 [13] 他們在實驗中使用了3張圖表——主題分別為公司營業稅、監獄囚犯數占人口比率，和孩童玩電動的原因——並藉此了解人們的看法是否會受圖表影響。拿孩童玩電動來說，圖表的目的是讓人們了解，儘管媒體有時宣稱孩子愛玩電動是因為喜歡暴力，但事實並非如此；孩子玩電動的主要動機是想放鬆、釋放想像力，或是與朋友社交。

許多受訪者的看法會隨圖表而改變，特別是對圖表主題本來就沒有明確立場時。作者群推測圖表之所以能引導受訪者的看法，「一部分原因是有數據支持的證據，看起來更客觀可信」。

不過這類研究有其限制，作者群對此也並不諱言。比方來說，我們難以確知受試者覺得最有說服力的是數字本身，還是數字的視覺化結果？老話一句，我們需要更多的研究才能判定答案，但目前握有的證據都指出，只要媒體列舉數字和圖表，很容易就能矇騙閱聽大眾，不管我們到底看不看得懂。

然而，圖表的說服力也有其後果。人們之所以會受圖表欺騙，源自人類有自我欺騙的傾向。身為人類，我們利用數字和圖表強化自己的觀點與偏見，這種心理傾向稱為確認偏誤（confirmation bias）。 [14]

共和黨眾議員史蒂夫・金恩（Steve King）強烈支持嚴格限縮移民法規。2018年2月，他在推特上發了一篇短文：

> 非法移民從事美國人不願做的工作。我們讓年輕男子入境，而他們來自暴力死亡率是美國16.74倍的地方與文化。眾議院當然「知道」這會造成更多美國人死亡。 [17]

金恩被自己手中的數據和表格給騙了；想當然爾，某些支持他的選民和追隨者也上了同樣的當。這些國家的暴力問題確實非常嚴重，但你不能**單單從這張表格**推斷從這些國家來到美國的人都有暴力傾向。其實有可能正好相反！來自危險國家的移民和難民也許一心想逃離無法讓他們安居樂業的社會，不想再被當地罪犯欺負才遠走他鄉，他們說不定性格溫順、愛好和平。

**每100,000人因暴力而死的人數**

| 排名 | 國家 | 死亡數 | 排名 | 國家 | 死亡數 |
|---|---|---|---|---|---|
| 1 | 薩爾瓦多 | 93 | 11 | 巴拿馬 | 34 |
| 2 | 瓜地馬拉 | 71 | 12 | 剛果 | 31 |
| 3 | 委內瑞拉 | 47 | 13 | 巴西 | 31 |
| 4 | 千里達及托巴哥 | 43 | 14 | 南非 | 29 |
| 5 | 貝里斯 | 43 | 15 | 墨西哥 | 27 |
| 6 | 賴索托 | 42 | 16 | 牙買加 | 27 |
| 7 | 哥倫比亞 | 37 | 17 | 蓋亞那 | 26 |
| 8 | 宏都拉斯 | 36 | 18 | 盧安達 | 24 |
| 9 | 史瓦濟蘭 | 36 | 19 | 奈及利亞 | 21 |
| 10 | 海地 | 35 | 20 | 烏干達 | 20 |

拿我自己來說吧。和我年齡相近的西班牙男人，絕大多數都熱愛足球、鬥牛賽、佛朗明哥舞，還有知名的雷鬼風舞曲〈慢慢來〉（Despacito）。雖然我是西班牙人，但上述這些東西都不合我的胃口，我的西班牙好友也都不喜歡。我們喜歡的娛樂走書呆子路線，比如策略性桌遊，愛看漫畫書、科普書籍和科幻小說。我們不能從**整體人口**的統計結果來推測**個人**特質。科學家稱此為區群謬誤（ecological fallacy）。[18]你們很快就會進一步認識這種謬誤。

## 培養圖像敏銳度

圖表可能用各種方式矇騙大眾，比如呈現錯誤的數據、納入數量不合

適的數據，或採用低劣的設計。然而就算它們十分專業、設計優良，我們仍可能會受騙，也許是因為我們過度解讀，或是我們只看到我們想相信的地方。但圖表無所不在，而且不管圖表優劣與否，都具備強大的說服力。

上述種種要素結合起來，足以引起一場錯誤資訊（misinformation）與假消息（disinformation）的風暴。我們都必須成為小心謹慎，懂得正確解讀圖表的讀者。我們必須增加自己的**圖像敏銳度**（graphicate）。

地理學家威廉・巴爾辛（William G. V. Balchin）在1950年代創造了「圖像力」（graphicacy）一詞。1972年，巴爾辛在地理學會（Geographical Association）的年度研討會中解釋此詞的意思。他說，要是識字指的是能讀能寫的能力，口說力（articulacy）指的是發音清晰的能力，運算力指的是掌握數字的能力，那麼「圖像力」指的就是解讀視覺圖形的能力。[19]

自此之後，「圖像力」一詞便反覆出現在各種刊物中。製圖師馬克・蒙莫尼爾（Mark Monmonier）是經典著作《如何用地圖說謊》（*How to Lie with Maps*）的作者，而20年前他就寫道，所有受過教育的成年人不只得具備聽說讀寫的能力，也該具備運算力和圖像力。[20]

如今，這句話比當年更加真實緊要。現代社會的論戰充斥各種統計數據和圖表，而圖表就是統計資訊圖像化的結果。要當個掌握資訊的公民，參與各種討論，我們就得先學會如何解析圖表、善用圖表。當我們成為更優秀的圖表讀者，也會成為更優秀的圖表設計師。製作圖表不是魔術，你可以用個人電腦和網路上的軟體，比如谷歌的Sheets、微軟的Excel，還有蘋果的Numbers，也能使用開源軟體（open-source）的LibreOffice，輕鬆創作圖表。除了上述軟體以外，市面上還有許多其他選擇。[21]

現在，你已經看到圖表的確會說謊。我希望能向讀者證明，只要讀完此書，你不只能辨認圖表藏匿的謊言，也能發掘優秀圖表所揭示的真相。只要有良好的設計、正確的判讀，圖表會讓我們更聰明，刺激我們展開更明智、更深入的對談。我邀請你打開雙眼，發現圖表中美好的真相。

注釋：

1. Stephen J. Adler, Jeff Mason, and Steve Holland, "Exclusive: Trump Says He Thought Being President Would Be Easier Than His Old Life," Reuters, April 28, 2017, https://www.reuters.com/article/us-usa-trump-100days/exclusive-trump-says-he-thought-being-president-would-be-easier-than-his-old-life-idUSKBN17U0CA.

2. John Bowden, "Trump to Display Map of 2016 Election Results in the White House: Report," The Hill, November 5, 2017, http://thehill.com/blogs/blog-briefing-room/332927-trump-will-hang-map-of-2016-election-results-in-the-white-house.

3. "2016 November General Election Turnout Rates," United States Election Project, last updated September 5, 2018, http://www.electproject.org/2016g.

4. Associated Press, "Trending Story That Clinton Won Just 57 Counties Is Untrue," PBS, December 6, 2016, https://www.pbs.org/newshour/politics/trending-story-clinton-won-just-57-counties-untrue.

5. Chris Wilson, "Here's the Election Map President Trump Should Hang in the West Wing," Time, May 17, 2017, http://time.com/4780991/donald-trump-election-map-white-house/.

6. 搖滾小子（@KidRock）在推特上表示：「我收到大量的電郵和訊息，全都問我那個網站是不是真的。」Twitter, July 12, 2017, 1:51 p.m., https://twitter.com/KidRock/status/885240249655468032.Tim Alberta and Zack Stanton, "Senator Kid Rock. Don't Laugh," Politico, July 23, 2017, https://www.politico.com/magazine/story/2017/07/23/kid-rock-run-senate-serious-michigan-analysis-215408.

7. David Weigel, "Kid Rock Says Senate 'Campaign' Was a Stunt," Washington Post, October 24, 2017, https://www.washingtonpost.com/news/powerpost/wp/2017/10/24/kid-rock-says-senate-campaign-was-a-stunt/?utm_term=.8d9509f4e8b4; 然而搖滾小子甚至有競選網站：https://www.kidrockforsenate.com/.

8. 譯注：這兒曾是美國重要的柏油、瀝青、樹脂出口產地，因此被暱稱為柏油腳跟。

9. 譯注：一種政治手段或政治演講，在看似針對普通大眾的一般信息中加入針對特殊人群的隱性信息，或以模稜兩可的語言讓聽眾解讀成自己想聽的內容。

10. Paul Krugman, "Worse Than Willie Horton," New York Times, January 31, 2018, https://www.nytimes.com/2018/01/31/opinion/worse-than-willie-horton.html.

11. "Uniform Crime Reporting (UCR) Program," Federal Bureau of Investigation, accessed January 27, 2019, https://ucr.fbi.gov/.

12. 賓州大學犯罪統計學教授理查‧柏克（Richard A. Berk）表示：「這不是全國趨勢，只是城市趨勢；它甚至也不是城市趨勢，而是特定街區的問題……國民當然不用為此擔心。住在芝加哥的人不用擔心。但住在特定街區的民眾恐怕得擔心。」這句話被Timothy Williams引用在 "Whether Crime Is Up or Down Depends on Data Being Used," New York Times, September 28, 2016, https://www.nytimes.com/2016/09/28/us/murder-rate-cities.html.

13. Cary Funk and Sara Kehaulani Goo, "A Look at What the Public Knows and Does Not Know about Science," Pew Research Center, September 10, 2015, http://www.pewinternet.org/2015/09/10/what-the-public-knows-and-does-not-know-about-science/.

14. Adriana Arcia et al., "Sometimes More Is More: Iterative Participatory Design of Infographics for Engagement of Community Members with Varying Levels of Health Literacy," Journal of the American Medical Informatics Association 23, no. 1 (January 2016): 174–83, https://doi.org/10.1093/jamia/ocv079.

15. Anshul Vikram Pandey et al., "The Persuasive Power of Data Visualization," New York University Public Law and Legal Theory Working Papers 474 (2014), http://lsr.nellco.org/nyu_plltwp/474.

16.  認知偏誤及其如何愚弄人們的相關文獻非常豐富。我會建議從卡蘿・塔芙瑞斯（Carol Tavris）和艾略特・亞隆森（Elliot Aronson）寫的《錯不在我？》（*Mistakes Were Made (but Not by Me)*）下手。

17.  史蒂夫・金恩（@SteveKingIA）：「非法移民從事美國人不願做的工作。」Twitter, February 3, 2018, 5:33 p.m., https://twitter.com/SteveKingIA/status/959963140502052867.

18.  David A. Freedman, "Ecological Inference and the Ecological Fallacy," Technical Report No. 549, October 15, 1999, https://web.stanford.edu/class/ed260/freedman549.pdf.

19.  W. G. V. Balchin, "Graphicacy," Geography 57, no. 3 (July 1972): 185–95.

20.  Mark Monmonier, *Mapping It Out: Expository Cartography for the Humanities and Social Sciences* (Chicago: University of Chicago Press, 1993).

21.  我在本書網站上提供了更多建議，請看：http://www.howchartslie.com。

第一章
# 圖表的運作方式

　　關於圖表，我們該學的第一件事是：**不管一張圖表設計得多完美，只要我們一不小心，就可能被它誤導。**

　　除了小心圖表之外，我們還得做什麼事呢？我們必須學會如何解讀它們。在了解圖表說謊的方式之前，我們得先明白，一張設計適當的圖表是用什麼方式運作。

　　圖表是根據影像語法、符號詞彙庫和各種常規，把資訊**視覺化**的成果。懂得圖表運作的方式，就能避免受它們欺負。

　　讓我們從基礎開始。

　　有本非常特別的書在1786年問世。它的書名看似名不符實：《商業與政治地圖集》（*The Commercial and Political Atlas*），作者是學識淵博的威廉・普萊菲（William Playfair）[1]。「地圖集？」當時的讀者翻閱那本書時，恐怕會忍不住反問：「這本書裡根本沒有半張地圖呀！」錯了，書裡的確有地圖。下圖是普萊菲製作的其中一張圖表。

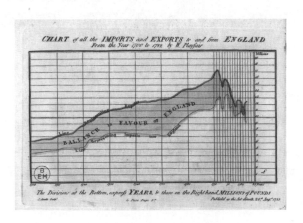

也許讀者已認出這是張常見的折線圖，也稱作**時間序列折線圖**（time series line graph）。橫軸指出年分，縱軸代表數值，圖中兩條線呈現數值的大小變化。上面比較深的線，是英格蘭對其他國家的出口值，下方比較淺的線是英格蘭的進口值。兩線之間上色的區塊強調英格蘭的貿易差額，也就是進出口的差額。

現在的人幾乎不需要任何解說，就能輕鬆看懂這張圖。我8歲大的女兒現在是三年級生，她很常看到類似的圖表。但18世紀末期的情況大不相同。普萊菲的「地圖集」，是第一本系統化地將數字以圖表呈現的書籍，因此他必須花很多篇幅，透過文字向讀者解釋這些圖表的意義。

普萊菲以文字解釋每張圖，因為他深知圖表並非一目瞭然，讀者無法單憑直覺看出其中意涵；圖表就像文字，以符號為基礎，我們必須遵循規則（就像語法結構或文法）設計符號，圖表才有意義；而圖表的意義就像文字的語義學。如果你不了解圖表的詞彙庫和語法，就讀不懂它；或者無法根據圖表提供的資料，做出正確的推測。

普萊菲把此書命名為「地圖集」（atlas），因為它**的確**是本地圖集。雖然裡面的圖表不是用來指出地理位置，但它們的基礎原則都來自傳統的地圖製作與幾何概念。

想一想我們要指出地表上任何一點時會怎麼做。我們會先找出它的座標，它的經度與緯度。拿自由女神像來說，它位在赤道以北40.7度，格林威治子午線以西74度。要標出它的位置，我只要一張地圖，在上面按橫軸（經度）和縱軸（緯度）標明度數，加上格線，如右上圖。

普萊菲由此創造了第一張折線圖和長條圖：既然經度與緯度都是數值，那麼把它們換成別的數值也可以。比方來說，我們可以把橫軸從經度換成年分，把縱軸從緯度換成進／出口值，這就是為什麼普萊菲稱自己的著作是「地圖集」。

普萊菲使用了圖表最基本的兩項核心元素：圖表的**骨架**（scaffolding），以及**視覺編碼**（visual encoding）方式。

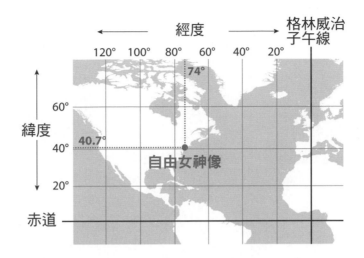

## 骨架與視覺編碼方式

　　現在我要進一步探討製作圖表的技術，讀者需要在本章多花點心力才能理解，但我向你們保證，徹底理解本章將對你們大有助益。不管你們將來遇到哪種圖表，本章解釋的內容都會讓各位游刃有餘地面對。耐心一點，和我一起踏入圖表的世界。你的堅持終將獲得報償。

　　要讀懂一張圖，一定要注意圖像周圍的資訊，也就是支持它的骨架，以及圖表本身的內容，也就是呈現數據的視覺**編碼**方式。

　　圖表骨架包括了標題、圖例說明、單位尺度、署名（圖表由誰製作？）、來源（這些資訊來自何處？）……等等。我們得小心謹慎地閱讀這些資訊，才能明白圖表的主題為何，估量了哪些事物，而估量計算的方式又是什麼。下頁幾張圖就是有骨架的圖表和拿掉骨架的結果。

　　下頁地區分布圖的骨架包括一條由不同深淺的紅色組成的圖例說明，標示謀殺率愈高，顏色愈深；謀殺率愈低，顏色愈淺。折線圖的骨架則包含了標題、指出數值單位的副標（「每10萬人遭謀殺人數」），橫軸與縱軸的標示讓讀者比較各年分的數值，最後還有資料來源。

　　有時圖表會附上一些簡短的文字敘述，強調或釐清一些重點。（比

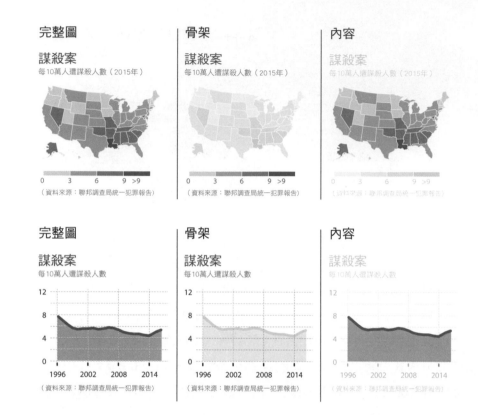

方來說，想像一下我在上圖加上一句：「路易斯安納州謀殺案件數量位居美國首位，每10萬人中就有11.8人遭謀殺。」）我們稱此為注釋層（annotation layer），這是由《紐約時報》的圖像部設計師創造的詞。注釋層是圖表內容的一部分。

## 視覺編碼元素一：長條

視覺編碼是大部分圖表的核心元素。圖表由圖形符號組成，它們通常是幾何形狀，比如方形、圓形……等，但並不局限於此。這些形狀會隨其所代表的數值而改變特性。而我們根據數據內容，決定如何改變編碼符號的屬性。

　　拿長條圖來說吧。長條的長度或高度隨它代表的數字而改變，數值愈大，長條就愈長或愈高，請見下圖：

**全球人口最多的五大國家（以百萬人為單位，2018年）**

| 中國 | 1,415 |
| 印度 | 1,354 |
| 美國 | 327 |
| 印尼 | 267 |
| 巴西 | 211 |

　　比較一下印度和美國。印度人口約莫是美國的4倍。我們選擇**長度**為圖表編碼方式，因此代表印度的長條必須是美國的4倍長。

## 視覺編碼元素二：位置

　　除了長度或高度之外，圖表還能透過許多不同的編碼方式呈現數據。其中一項頗受歡迎的是**位置**。請看下圖，圓點代表佛羅里達各郡，圓點在橫軸（X軸）的位置，呼應了一郡居民年薪。一點的位置愈靠右，代表此郡一名典型居民的年薪愈高：

各郡居民收入中位數（美金，一個圓點代表一個郡）　　　（資料來源：美國普查局）

　　這張圖比較佛羅里達州各郡居民收入的中位數。中位數將一個數值集分成數量相等的兩半。舉例來說：猶尼昂郡的收入中位數是13,590美金，而此地的人口約為15,000人。中位數告訴我們的是，猶尼昂郡約莫有7,500人的年薪超過13,590美金，而另外7,500人的年薪則低於此數目；但我們不知道那些人賺得比13,590美金**多多少**或**少多少**，有些人的收入可能是零，而有些人可能每年賺進數百萬美金。

　　為什麼我們用中位數而不用更多人熟悉的算術平均數，也就是平均值？因為平均值很容易受極端值影響。如果此例使用平均值，一郡的平均收入會遠高於大多數人的收入。想像一下：有一個郡住了100人，你想要了解此郡居民的收入狀況。有99名居民的年薪非常接近13,590美金，但有1人一年就賺進100萬美金。

　　這個例子的中位數依舊會是13,590美金，有一半的人賺得比中位數少一些，另一半（包括我們這位非常有錢的朋友）賺得比較多。然而這群人的年薪平均值會是23,454美金，遠遠超過中位數。平均值把所有居民的收入加起來，再除以100人，結果就是如此。就像俗語說的，要是我們只在乎這群人的平均值，那麼不管比爾·蓋茲（Bill Gates）去哪開會，每個與會者都會立刻變身百萬富豪。

　　現在回到我的圓點圖。人腦有很大一部分專門解析雙眼收集到的資訊。因此當數字透過視覺編碼呈現，我們很容易就會注意到一組數字的特色。瞧瞧下面的數值表吧，這也是圖表的一種，但沒有用上任何視覺編碼。它列出了佛羅里達州各郡居民的收入中位數。

| 郡 | 每人收入（美金） | 郡 | 每人收入（美金） | 郡 | 每人收入（美金） |
|---|---|---|---|---|---|
| 阿拉卓瓦郡 | 24,857 | 漢米頓郡 | 16,295 | 納索郡 | 28,926 |
| 貝克郡 | 19,852 | 哈戴郡 | 15,366 | 奧卡魯薩郡 | 28,600 |
| 灣郡 | 24,498 | 漢卓郡 | 16,133 | 奧基卓比郡 | 17,787 |
| 布萊德福郡 | 17,749 | 荷爾南德郡 | 21,411 | 橘郡 | 24,877 |
| 布瑞瓦德郡 | 27,009 | 高地郡 | 20,072 | 奧瑟歐拉郡 | 19,007 |
| 布洛瓦德郡 | 28,205 | 希爾斯博爾郡 | 27,149 | 棕櫚灘郡 | 32,858 |
| 卡伍恩郡 | 14,675 | 荷姆斯郡 | 16,845 | 派斯可郡 | 23,736 |
| 夏洛特郡 | 26,285 | 印地安河郡 | 30,532 | 派納拉郡 | 29,262 |
| 西特爾斯郡 | 23,148 | 傑克遜郡 | 17,525 | 波克郡 | 21,285 |
| 克雷郡 | 26,577 | 傑佛遜郡 | 21,184 | 普特南郡 | 18,377 |
| 克利耶郡 | 36,439 | 拉法葉特郡 | 18,660 | 聖約翰郡 | 36,836 |
| 哥倫比亞郡 | 19,306 | 湖郡 | 24,183 | 聖露西郡 | 23,285 |
| 戴索托郡 | 15,088 | 李郡 | 27,348 | 聖塔羅莎郡 | 26,861 |
| 迪克西郡 | 16,851 | 李昂郡 | 26,196 | 薩拉索塔郡 | 32,313 |
| 杜瓦郡 | 26,143 | 勒維郡 | 18,304 | 薩米諾爾郡 | 28,675 |
| 艾斯坎比亞郡 | 23,441 | 自由郡 | 16,266 | 薩姆特郡 | 27,504 |
| 弗萊格勒郡 | 24,497 | 麥迪遜郡 | 15,538 | 蘇旺尼郡 | 18,431 |
| 富蘭克林郡 | 19,843 | 麥納蒂郡 | 27,322 | 泰勒郡 | 17,045 |
| 蓋德斯登郡 | 17,615 | 瑪里昂郡 | 21,992 | 猶尼昂郡 | 13,590 |
| 吉爾克瑞斯特郡 | 20,180 | 馬丁郡 | 34,057 | 沃魯西亞郡 | 23,973 |
| 蓋萊茨郡 | 16,011 | 邁阿密－戴德郡 | 23,174 | 瓦庫拉郡 | 21,797 |
| 高夫郡 | 18,546 | 蒙羅郡 | 33,974 | 瓦頓郡 | 25,845 |
| **佛羅里達州中位數** | **27,598** | | | 華盛頓郡 | 17,385 |
| **美國中位數** | **31,128** | | | | |

　　若我們只想確認某個特定數字，比如一、兩個郡的收入中位數時，表格很有用。但當我們想鳥瞰所有數字時，表格就沒那麼實用了。

　　讀者只要比較一下排序表格和圓點圖，就會發現圓點圖遠比表格更容易發現下列資訊：

* 一眼就能看出最低值與最高值，以及它們與其他數值的關係。
* 佛羅里達州大部分郡的收入中位數都低於全美中位數。
* 佛羅里達州最富裕的兩個郡是聖約翰郡和另一個沒有標示名稱的郡，其收入中位數超過其他郡。
* 猶尼昂郡明顯比佛羅里達州其他貧窮的郡更窮。請注意，猶尼昂郡與其他郡之間隔了明顯的距離。
* 收入中位數較低的郡，遠比中位數高的郡多。
* 收入中位數低於全州中位數（27,598美金）的郡，遠多於超過的郡。

　　最後一項結論不太對吧？畢竟我剛才提到，中位數值兩端的人數相等。既然如此，我的圖中應該有一半的郡比全州中位數窮，另一半比全州中位數富有，不是嗎？

　　並非如此。27,598美金不是佛羅里達州67個郡收入中位數的中位數，而是2,000萬全體州民的薪資中位數，**不管他們究竟住在哪一個郡**。因此佛羅里達全部人口中，有一半**人口**（不是一半的**郡**）每年賺的錢低於27,598美金，另一半的人賺的則高於此數字。

　　收入中位數圓點圖中，圓點左右分布明顯不均，這可能歸因於比較富有與比較貧窮的郡人口數有顯著差異。

　　要確認此推測正確與否，讓我們製作另外一張圖，同樣以位置作為視覺編碼的手段，如下頁圖。一郡在X軸的位置代表收入中位數；Y軸的位置則代表人口數。這張散布圖指出我的直覺可能沒錯：佛羅里達州中人口最多的郡是邁阿密—戴德郡，這兒的收入中位數略低於全州中位數（紅色

直虛線是全州中位數，而邁阿密—戴德郡位在紅虛線左邊）。其他人口較多的郡，比如我特別標出的布洛瓦德郡和棕櫚灘郡，收入中位數超過全州中位數。

　　仔細看一下，位在左邊的郡很多，而且大部分都人口稀少（亦即它們的縱軸位置），但這些郡的總人口和右邊較富有的幾個郡不相上下。

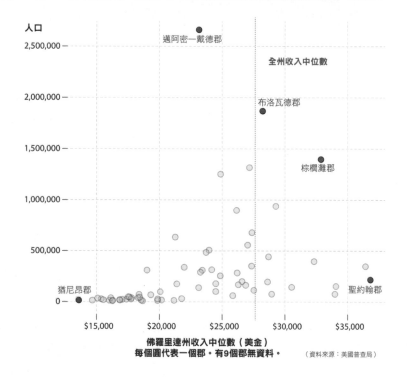

（資料來源：美國普查局）

## 視覺編碼元素三：區域面積

　　只要比較幾個數值，立刻就會發現許多圖表的特色。現在讓我們進一步做其他嘗試。首先讓我們改變一下縱軸。上圖的縱軸代表人口數，現在我們改成：2014年各郡擁有大學學位的人口比例。一郡的縱軸位置愈高，代表此郡完成大學教育的人口比例愈高。

　　接著，我們再依人口密度（每平方英里的人口數）改變圓點的大小。

現在，除了長度／高度和位置外，讓我們學一個新的視覺編碼方式：**區域面積**。一個氣泡占的區域愈大，代表那個郡的人口密度愈高。請讀者花點時間解析下圖——再次提醒大家，注意每個圓的縱軸與橫軸刻度——想一想它揭露了哪些資訊：

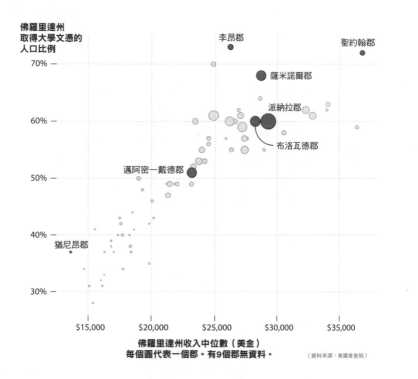

快速瞄一下，我就看出下列幾項資訊：

- 整體而言，一郡的收入中位數愈高（橫軸位置），擁有大學學歷的居民比例也愈高（縱軸位置）。收入和教育程度有正相關。

- 不過也有幾個例外。李昂郡就是其中之一，佛羅里達州的首府塔拉哈西（Tallahassee）位在此郡。這兒握有大學文憑的人口很多，但收入中位數並沒有特別高。可能因素有很多。比方來說，塔拉哈西可能有很多窮人，同時也吸引了許多有錢、教育水準又高的民眾，他們想為政

府工作或離權力中心近一些。

- 以氣泡尺寸呈現人口密度，讓我們發現比較有錢的郡，以及握有大學
  學歷的居民較多的郡，人口密度也比貧窮的郡高。

　　如果你不常接觸圖表，也許會懷疑我怎能迅速一瞥就得知那麼多資
訊。閱讀圖表就像閱讀文字一樣：愈常練習，你就能愈快掌握其中菁華。

　　雖然如此，我們也可以透過幾項技巧加速理解。首先，永遠先瞧瞧刻
度標籤為何，確認圖表計量的是什麼。第二，散布圖正如其名，它們呈現
各點的相對位置，有些地方會數點密布，有些區域的點則特別分散。我們
的散布圖中，圓點在縱軸和橫軸的位置都很分散，指出各郡收入中位數差
異很大——有的郡收入特別低，有的郡收入特別高——而各郡的教育程度
也有明顯分歧。

　　第三個技巧，是在圖表加上想像的象限，並加以命名。就算只是在腦
中想像，你也會立刻發現4個象限中，右下象限沒有半個郡，位在左上象
限的郡非常之少。大部分的郡都位在右上象限（高收入，高教育水平）和
左下象限（低收入，低教育水平）。下圖就是加上象限的結果：

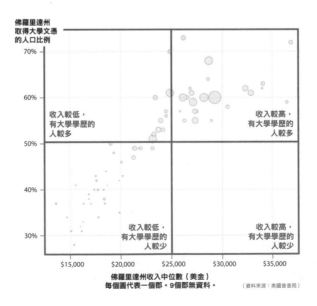

　　第四個技巧，是想像有條線穿過這片氣泡雲中心，指出收入中位數和握有大學學歷居民比例兩者間的大略關係。此例中，這條線向上爬升，如下圖（為了清楚呈現，我刪去了縱軸與橫軸的刻度標示）：2

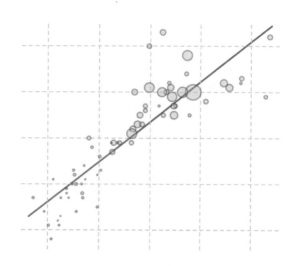

　　只要你運用這幾個小技巧，就會發現整體走勢朝右上發展，代表橫軸刻度（收入）愈大，縱軸刻度（大學學歷）也愈大。這就是正相關。如同導論提過的，有時縱橫軸會呈現負相關。比方來說，收入和貧窮人口比例是負相關。要是我們用縱軸（y軸）代表貧窮人口比例，那麼我們的趨勢線就會往下降，指出一郡的收入中位數愈高，貧窮人口比例通常愈低。

　　然而，我們絕不能單憑這樣的圖表，推論兩者間有**因果關係**。統計學家口中經常重複一句真言：「有相關不代表有因果關係。」當我們想了解數個現象背後的因果關係時，找出相關性只是第一步而已，仍必須多方推敲各種可能性。（我會在第6章進一步解釋。）

　　統計學家的意思是，我們不能光看一張圖，就宣稱只要愈多人取得大學學歷，就會增加一郡的收入水平，反之亦然。這些說法可能正確，也可能錯誤；圖表雖然揭示收入中位數與大學學歷有正相關，但背後可能藏了其他原因。簡而言之，我們不知道兩者是否真有因果關係。圖表本身很少

提供絕對的答案，它們只是讓我們發現一些令人好奇的特點，也許有助於
我們透過其他手段在未來找出答案。好的圖表促使我們提出好的問題。

## 地區分布圖與區域面積編碼

　　地區分布圖常透過區域面積編碼。我們在導論中看到好幾個氣泡圖，
都用來顯示2016年總統選舉主要候選人的得票結果。下圖是另一個例子，
氣泡占的區域大小，反映了一郡的人口多寡：

　　我特別標出邁阿密－戴德郡，因為我住在這兒。我也特別標出洛杉磯
郡，因為我原本不知道那兒的人口居然那麼多。美國人口最多的郡就是洛
杉磯郡；它的人口幾乎是邁阿密－戴德郡的4倍。讓我們把兩個氣泡放在
一起，再另外繪製一個長條圖，用長度編碼人口數據：

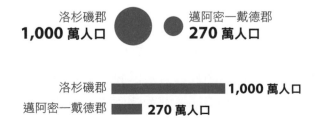

　　注意一下，當我們把這兩郡的人口數以**區域面積**編碼（氣泡圖）時，視覺效果沒有以**長度**或**高度**編碼時（長條圖或柱狀圖）那麼醒目。

　　為什麼會這樣？思考一下：人口1,000萬的郡與人口270萬的郡相比，前者約莫是後者的4倍。要是我們使用的圖像形狀，真的反映了數據的比例，那麼代表洛杉磯郡的大氣泡中，應該容得下4個代表邁阿密─戴德郡的小氣泡，而在長條圖中，洛杉磯郡的長方形應該容得下4個邁阿密─戴德郡的長方形。請讀者瞧瞧下圖（氣泡圖的黑線小圓雖然彼此重疊，但重疊區域近似空白區域面積）：

　　圖表設計師以氣泡圖顯示數據時，常犯的一項錯誤就是把長條圖的特性誤用在氣泡圖上，以長度或高度（氣泡的**直徑**）來代表數據，而不是氣泡的**面積**，也就是它們所占的區域大小。不只如此，那些想強調數據差異的人也會故意用同樣技巧混淆視聽，大家不可不慎。

　　洛杉磯郡的人口幾乎是邁阿密─戴德郡的4倍，但要是你直接把圓的高度增加4倍，直徑就增加了4倍，因此大圓的面積不只是小圓的4倍，而是16倍！下圖就是當我們以直徑為單位調整洛杉磯郡和邁阿密─戴德郡兩個圓的大小的結果（錯誤示範），而不是以面積為單位（正確）。我們可以在代表洛杉磯郡的圓中，放進16個代表邁阿密─戴德郡的圓：

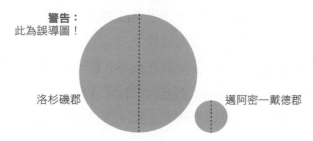

## 樹狀結構矩形圖與圓餅圖

其他種類的圖表，也會以區域面積作為編碼手段，新聞媒體愈來愈愛用的樹狀結構矩形圖（treemap）就是其中之一，又稱作矩形樹圖或樹圖。有趣的是，樹圖看起來跟樹一點也不像；反倒像各種不同大小的方形組成的拼圖。請見下例：

### 各洲與各國人口比較圖

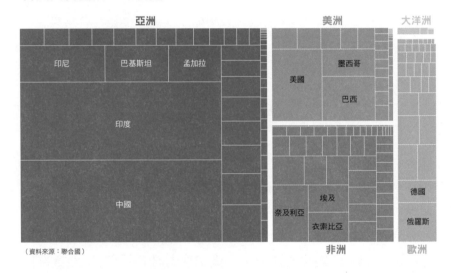

（資料來源：聯合國）

樹圖呈現了巢狀層級（nested hierarchies），因此得名。[3]上圖中，每個方形的面積大小反映了各國人口比例。而各國組成的一洲面積大小反映了一洲總人口。

有時樹圖被用來取代一種人們更熟悉、同樣以面積為編碼方式的圖：圓餅圖。如果我們將上圖各洲的人口資料繪成圓餅圖，就會變成右上圖。

圓餅圖中每個扇形的面積與數據等比例，而且它們的圓心角度（角度也是一種編碼方式）、圓弧長短，也都反映了數據比例。讓我解釋一下圓餅圖的運作方式：一圓圓周為360度。亞洲人口占了全球的60%。360度的60%是216度。因此，代表亞洲的切片的中心角度就是216度。

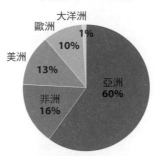

各洲人口比例圖

大洋洲 1%
歐洲 10%
美洲 13%
非洲 16%
亞洲 60%

## 視覺編碼元素四：顏色

　　除了長度／高度、位置、面積、角度之外，還有其他視覺編碼方式，其中最受歡迎的就是顏色。本書第一張地區分布圖，就同時用上不同**顏色**和**深淺**：以兩個顏色（紅／灰）代表不同黨派，以不同深淺（偏淺／偏深）代表各郡贏家的得票比例。

　　下面兩張地區分布圖呈現美國各郡中，非裔美國人和西語裔美國人的比例。灰色愈深，代表這些郡的非裔或西語裔人口比例愈高：

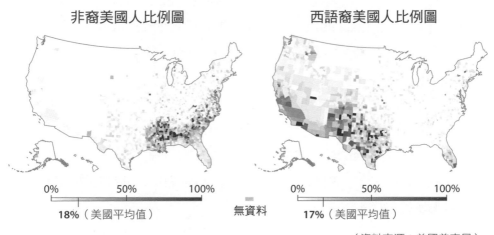

非裔美國人比例圖　　　　　　　西語裔美國人比例圖

0%　　50%　　100%　　　　　0%　　50%　　100%

18%（美國平均值）　　無資料　　17%（美國平均值）

（資料來源：美國普查局）

　　透過顏色深淺編碼數據，用在所謂**表格熱圖**（table heat map）的效果
最為顯著。下圖以1951~1980年間平均氣溫為基準，以紅色的濃淡反映全
球各年不同月分平均氣溫與基準值的差異，以攝氏溫度為單位：

## 全球各月均溫

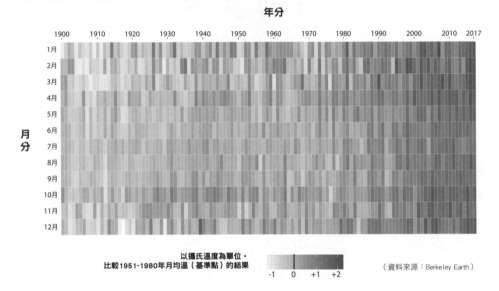

以攝氏溫度為單位。
比較1951~1980年月均溫（基準點）的結果

（資料來源：Berkeley Earth）

　　橫軸代表年分，縱軸則代表月分。熱圖並不像我們見到的其他圖表那
麼精確詳細，因為熱圖的目的並非在呈現細節，而是在呈現整體變化趨
勢：愈靠近右邊，顏色愈紅，代表近年大部分的月分都比1951~1980年的
月均溫要熱。

　　有些數據編碼方式比較少見。比方來說，除了改變位置、長度或高度
外，我們也能在**寬度**或**厚度**上做文章。拉杰羅‧卡米歐（Lázaro Gamio）
為媒體網站「艾克西歐斯」（Axios）設計的右上圖就是一例。[4]每條線的
寬度反映了2017年1月20日到10月11日間，川普總統在社群媒體上批評某
人或某個團體的次數：[5]

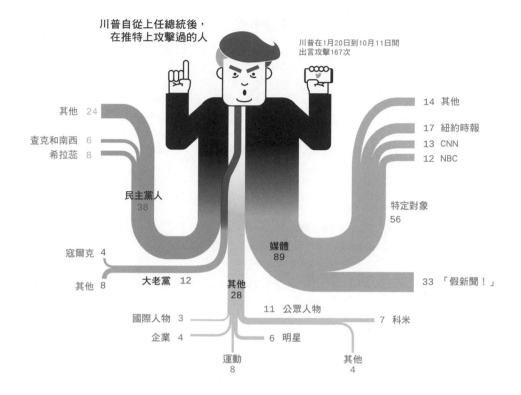

川普自從上任總統後，
在推特上攻擊過的人

川普在1月20日到10月11日間
出言攻擊167次

## 驗收時間

　　簡而言之，大部分表格透過各種符號形狀（比如線條、方形或圓形），以及它們多樣化的特質來呈現數據。我們已經學到利用這些特質的編碼方式：**高度**或**長度**、**位置**、**尺寸**或**面積**、**角度**、**不同色彩**及**顏色深淺**等等。我們也學到一張圖表可以同時結合數種編碼方式。

　　現在讓我來考考各位讀者。下頁圖是西班牙和瑞典1950~2005年間的生育率。生育率指的是一國平均一名婦女生育了幾個孩子。讀者可以看到在1950年代，就平均而言，西班牙一名婦女的子女數比瑞典婦女多，但從1980年代開始情況反轉了。請讀者試著找出次頁上圖的編碼方式：

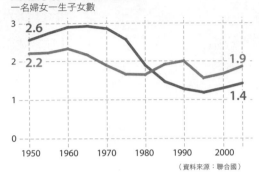

(資料來源：聯合國)

第一個編碼方式，是以**顏色**區分兩個國家，紅色代表西班牙，灰色代表瑞典。

至於數量，也就是每名婦女的子女數，則以**位置**編碼。折線圖的製作方式，是依照X軸（此例為年分）和Y軸（我們測量的單位，此例是子女數目）決定一點的位置，再把各點連成線。要是我不把它們連成線，此圖仍舊正確呈現西班牙和瑞典的生育率，只是看起來沒那麼清晰醒目：

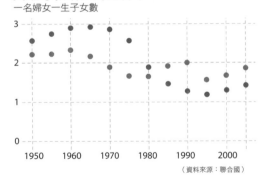

(資料來源：聯合國)

折線圖中，線的**坡度**也傳達了資訊。當我們把各點連成線，斜坡的陡峭或平緩會告訴我們兩個數值間的差異有多大。

那麼右上圖呢？這裡用到哪些編碼方式？

你第一個注意到的，可能是**顏色深淺**：一國顏色愈深，人均國內生產

毛額就愈高。第二是**面積**：圖中的氣泡是人口超過100萬的各大都會區，而氣泡大小反映都市人口數多寡。這就是為什麼圖上沒有邁阿密；大邁阿密區是一個巨大的都會區，由數個城市組成，但每個城市的人口都沒有超過100萬人。

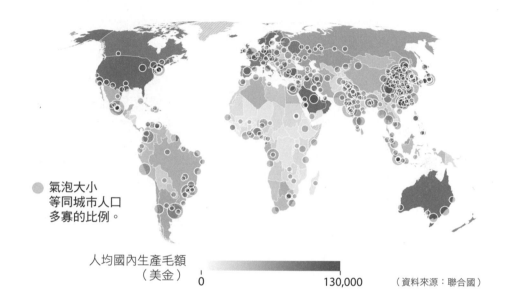

氣泡大小
等同城市人口
多寡的比例。

人均國內生產毛額
（美金）　　0　　　　　　　　　　130,000　　（資料來源：聯合國）

　　除此之外，還有其他編碼方式，**位置**就是其中之一。怎麼說呢？回顧一下，我們在本章一開始學到繪製地圖的過程，就是在一個平面上，根據橫軸（經度）和縱軸（緯度）的刻度決定一點的位置。地圖上的各陸塊和各國國界都是由許多小點連成的線，而每個氣泡的位置，也由各城市的經緯度決定。

## 建立圖表的心智模型

　　研究人們如何判讀圖表的認知心理學家指出，看到圖表前，我們本身握有的知識和期待扮演了重要角色。他們認為，我們腦中儲存了理想

的「心智模型」（mental models）₆，並把雙眼看到的圖像與心智模型比較。心理學家史蒂芬‧柯斯蘭（Stephen Kosslyn）甚至提出「適當知識原理」（principle of appropriate knowledge）₇，並將此原理應用在圖表上，指的就是設計師（我）與閱聽者（你）之間若要達成有效溝通，雙方都必須具備同樣的圖表理解度，熟悉圖表呈現資料的編碼方式或使用的符號。也就是說，我們雙方具備相近的心智模型，對特定圖表有類似的認知。

心智模型為我們省下大量時間和心力。想像一下，如果你對折線圖的心智模型是：「橫軸是時間（日期，月分，年分），縱軸是數量，以一條線表示數據。」那麼你完全不需要花時間研究它的縱橫軸標籤或解說，很快就能解析下圖：

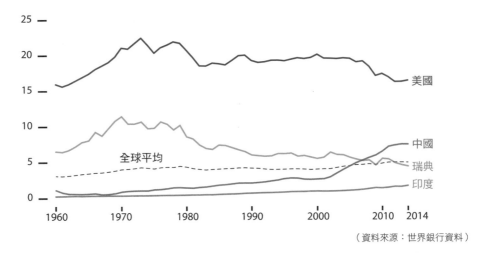

**平均而言，2014年一名中國人製造的污染量，
超過1960年代一名瑞典人製造的污染量**

4個國家各年度的平均國民二氧化碳排放量（噸）

（資料來源：世界銀行資料）

然而，心智模型也可能引我們誤入歧途。我個人對折線圖的心智模型比上述更寬廣，也更有彈性。如果你對折線圖的心智模型只有一種，也就是「橫軸標示時間，縱軸標示規模或數量」，那麼右上圖可能會令你感到困惑。

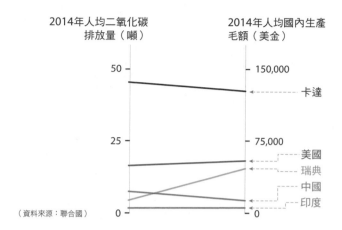

這叫做**平行座標圖**（parallel coordinates plot）。它也使用線條呈現數據，但少了標示時間的橫軸。讀一下軸線上方的標題，你會看到兩個不一樣的變項，一個是人均碳排放量，一個是人均國內生產毛額，以美金為單位。上圖使用的編碼方式，和所有以線條呈現數據的圖表一樣，那就是位置和斜坡：一國在兩個縱軸的位置愈高，代表其人民的碳排放量愈大或者愈富裕。

我們用平行座標圖比較不同變項，專為尋找兩者關聯性而設計。注意代表各國的線，瞧瞧它們是朝上走或朝下走。卡達、美國和印度的線幾乎是平的，也就是說，它們在一個縱軸上的位置，近乎在另一條縱軸的位置，由這三國看來，二氧化碳排放量高的國家，也比較富裕。

現在讓我們瞧瞧瑞典的情況：瑞典的污染程度很低，但人均國內生產毛額卻很接近美國。接下來，請讀者比較一下中國和印度，兩國的人均國內生產毛額很接近，但二氧化碳排放量卻有比較明顯的差異。為什麼？我不知道。[8] 一張圖表不一定能提供明確答案，但能幫助我們察覺令人好奇的事實，燃起我們的求知欲，刺激我們根據數據，提出**更好的**問題。

讓我們再挑戰另一個題目。現在你已讀了本章大部分內容，對散布圖已建立了不錯的心智模型。下頁圖中，我特別標示了幾個我覺得有趣的國家。這張圖對你來說，應是一碟小菜：

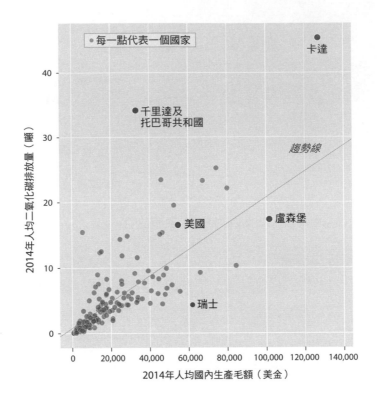

你已建立傳統散布圖的心智模型，現在你一眼就能看出，除了幾個例外的國家（包括一些我特別標示的國家），通常一國人民愈富裕，污染量就愈大。但要是我給你另一個看似折線圖的散布圖呢？你會在次頁上方看到這張圖。

請你在頭腦爆炸前，或把這本書丟出窗外前，先聽我說一句：我承認自己第一次看到這種圖表時，和你一樣困惑。這種圖通常稱為**連接散布圖**（connected scatter plot），比較難以解析。請按照下面步驟思索一下：

- 每條線代表一國。圖中共有4條代表不同國家的線，再加上1條代表全球平均值的線。
- 這些線都由數個點組成，每一點呼應一個年度。我把每條線的第一點和最後一點加粗，它們分別是1990年和2014年的數據。

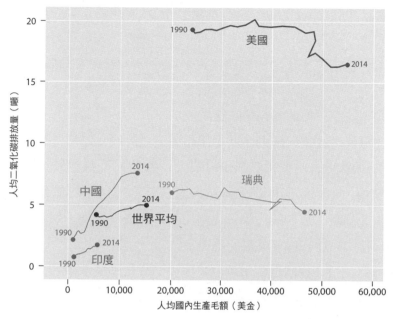

（資料來源：世界銀行資料）

- 每一點的橫軸位置是一國**當年度**的人均國內生產毛額。
- 每一點的縱軸位置指出一國**當年度**的人均二氧化碳排放量。

　　圖中每條線就像一國的軌跡：每一年，當一國人民平均而言變得富有，線就會往前走，變得貧窮，就會往後退；當一國人民的污染量平均而言變大，線就會朝上走，污染量變低，就會朝下。為了讓讀者看得更清楚，讓我在兩條線上加上箭號，並加上風向圖：

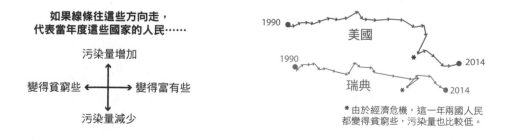

　　何必以如此詭異的方式呈現數據呢？因為本圖要強調的重點是：至少
在經濟發達的國家中，財富的增加不一定代表會造成更多污染。我特別標
出來的兩個富裕國家是美國和瑞典，平均而言，雖然人民都在1990~2014
年間變得更富有（兩點的水平距離很寬），但人民的污染量也減少了。兩
國在1990年的點，都比2014年的點高。

　　而在發展中國家，國內生產毛額和污染量的關係常與先進國家不同，
因為發展中國家的工業和農業規模較大，因此污染量也較大。我特別標
示的國家中，中國和印度都變得比過去富有（2014年的點比1990年更靠
右），與此同時，它們的污染量也增加了。回去看看前一個圖，你會發現
兩國2014年的點比1990年的點要高得多。

　　你可能在想，我們也能用兩個變項（二氧化碳排放量和人均國內生產
毛額）繪製各國折線圖，呈現同樣的資訊。我同意。下圖就是畫成折線圖
的結果。

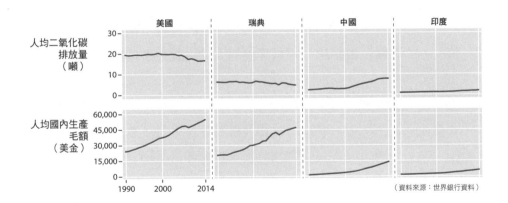

（資料來源：世界銀行資料）

　　我在本章一開始就提到圖表常常並非一目瞭然，需要附上說明，我的
看法之所以和一般人有所不同，是因為很多圖表都像連接散布圖一樣複
雜。我們必須隨時小心謹慎，才能正確解讀一張圖表，或對從未讀過的圖
表建立良好的心智模型。千萬別把眼中所見視為理所當然。圖表奠基於一
系列的形狀符號（線條、圓形、方形）、視覺編碼（長度、位置、區域面

積、顏色……等等）與文字（注釋層）三者組成的語法和字彙庫。這讓圖表就像文字一樣靈活，甚至有過之而無不及。

我們透過文字解釋某件事物時，把一連串的文字組成句子，一連串的句子組成段落，一連串的段落組成章節，以此類推。句法規則決定了一個句子中文字的排列方式，但我們會根據想要傳達的內容和想要加上的感情效果加以變化。就像翻開馬奎斯（Gabriel García Márquez）的經典鉅作《百年孤寂》（*One Hundred Years of Solitude*），首頁的第一句話：「許多年後，當邦迪亞上校面對行刑槍隊時，他便會想起他父親帶他去找冰塊的那個遙遠的下午。」」

我可以改變文字的組合與排列，表達同樣的資訊：「邦迪西上校想起父親帶他去找冰塊的那個遙遠午後，那已是許多年後，他面對行刑槍隊時的事。」

第一句話帶著某種韻律感，第二句則笨拙又平凡，但兩句話都根據同樣的語法，揭露同樣的資訊。只要我們花時間細讀，就會得知同樣的內容，但我們絕對更愛讀第一句，而不是第二句。圖表也一樣：要是你隨意瀏覽，你不會明白它們的意義——儘管你可能**自以為**讀懂了——設計精良的圖表不只提供資訊，而且非常優雅，就像一句轉折美妙的句子，有時甚至既風趣又令人驚奇。

上面那句悠長、深遠、複雜的句子，我們不可能在眨眼之間即明瞭全意，圖表也是如此，它們揭露豐富而珍貴的資訊，讀者常常必須花點心思，才能看穿其中意涵。好的圖表絕不只是插圖，而是一項**視覺論證**，或是一個論點的組成分子。你該如何循圖表而前進？《華盛頓郵報》（*Washington Post*）數據記者大衛・拜勒（David Byler）製作了一張既複雜又充滿啟發性的圖表，請見下頁圖。我標了幾個紅框加以說明，請你跟著它們的腳步前進。

## 1. 標題、導言（或說明文字）和資料來源

　　若一張圖表有標題和說明文句,先讀它們再說。如果圖表提供了資料來源,先瞧瞧資料來源為何(我會在第三章進一步說明)。

### 2. 度量、單位、刻度及圖例說明

　　圖表必須告訴讀者,圖中顯示的數據是什麼,如何測量。設計師可以用文字或符號解釋。在下例中,縱軸指出美國多次補選結果與2016年總統大選結果的差異。橫軸是2017年1月20日川普就職典禮之後經過的天數。圖例說明告訴我們,圖中的圓圈代表每次補選的贏家。

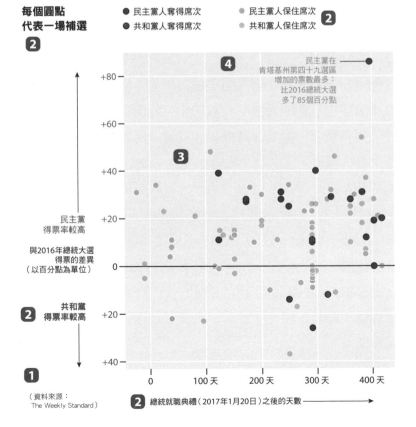

**民主黨贏得多次補選 1**

自2017年1月20日總統就職典禮之後,民主黨候選人已在許多場補選中成為大贏家。
與2016年總統大選相比,民主黨在許多選區的得票數大幅增加。

**每個圓點代表一場補選 2**

● 民主黨人奪得席次　　● 民主黨人保住席次　 **2**
● 共和黨人奪得席次　　● 共和黨人保住席次

**4** 民主黨在肯塔基州第四十九選區增加的票數最多:比2016總統大選多了85個百分點

**3**

民主黨得票率較高

與2016年總統大選得票的差異(以百分點為單位)

**2** 共和黨得票率較高

**1**

(資料來源:The Weekly Standard)

**2** 總統就職典禮(2017年1月20日)之後的天數 ⟶

### 3. 視覺編碼方式

從前圖中，我們立刻發現第一種編碼方式是顏色。灰色代表民主黨贏得選舉，紅色則是共和黨。顏色的深淺也是其中一種編碼手段，深灰色和深紅色分別代表兩黨奪下原為另一黨的席次。

第二個編碼方式是位置。縱軸位置代表當次補選與2016年總統大選得票結果的百分點差異。換句話說，要是一點位在基準線0的上方，那麼離0愈遠，就代表民主黨得票率比2016年愈高；要是一點位在基準線下方，那麼離基準線愈遠，代表共和黨得票率比2016年愈高。

進一步說明：想像川普在2016年的總統大選中，在某個選區贏了30個百分點。之後民主黨候選人在該選區補選中所獲得的選票，比共和黨候選人多了10個百分點。因此該區在左圖中會落在基準線上方+40的位置（當然，這是指在沒有第三黨候選人的情況下）。

### 4. 詳讀注釋

有時圖表設計師會加上簡短的文字說明，強調某些重點。而左頁圖表強調肯塔基州第四十九選區的選舉結果。川普在2016年的總統大選中在該選區贏了49個百分點，而民主黨候選人在2018年的補選中贏了36個百分點，等於民主黨的支持度大增了85（49+36）個百分點。

### 5. 鳥瞰全圖點數分布的模式、趨勢與關聯

當你搞懂像上圖那麼複雜的圖表運作原理，此時就能把目光放遠，想想圖表是否揭露了某些模式、趨勢，或關聯性。鳥瞰全圖時，我們不再專注於獨立的符號（此例是圓點），而是把它們看成一群、一群的群體。以下是我觀察到的幾項事實：

- 自2017年1月20日開始，民主黨從共和黨手中奪下的席次，比共和黨從民主黨手中奪得的席次多。事實上，共和黨只拿下一個原本不屬於

他們的席次。

- 儘管如此，兩黨各自保有相當多的席次。

- 0基準線上方的圓點遠比下方多。這代表總統就職大典後的頭400天，民主黨取得顯著的勝利，比2016年總統大選時獲得更多支持。

我花了多少時間才得出這些結論？比你想像的更久。儘管如此，這並不代表它是張低劣的圖表。

很多人在學校學到，圖表必須讓人一目瞭然才是好的圖表，所有的圖表都該依此調整。然而，這樣的目標不切實際。的確，有些基礎圖表或地區分布圖，一眼望去明明白白，但許多圖表，特別是資訊豐富且意義深遠的圖表，需要讀者花更多時間與心力才能理解，但要是圖表設計得宜，搞懂之後我們就會獲益無窮。許多圖表簡單不起來，因為它們述說的故事一點也不簡單。不過我們身為讀者，的確可以要求圖表設計師除非有好理由，不然就別刻意製造複雜的圖表。

讓我繼續沿用前面把圖表比擬成文字的例子。你不能光看一篇新聞或論文的標題，或隨興瀏覽一下，就自以為理解一切。要理解一篇文章的真義，你必須從頭到尾讀完才行。圖表也是如此。要是你真想理解它們，就必須深入挖掘。

## 圖表如何說謊

現在我們理解圖表的符號和語法，更容易不受錯誤圖表所圍，可以踏入下一階段：圖表的語義，也就是如何正確詮釋它們。圖表可能會因為下列幾種原因說謊：

- 設計不良。
- 使用錯誤資料。

- 數據量不宜──呈現太多或太少資訊。
- 隱藏或混淆不確定性。
- 暗示錯誤的趨勢。
- 迎合我們的期待或偏見。

　　圖表試圖藉由各種編碼方式，盡量忠實地呈現資訊。如果我說，圖表一旦違背這項核心原則就是在說謊，相信各位不會太驚訝。現在就讓我們看看它們如何說謊。

---

注釋：

1. Bruce Berkowitz寫了一本目前市面上最棒的普萊菲傳記：*Playfair: The True Story of the British Secret Agent Who Changed How We See the World*（Fairfax, VA: George Mason University Press, 2018）。

2. 本書無意教讀者計算趨勢線。想要進一步了解趨勢線的相關討論及散布圖的歷史，請見：Michael Friendly and Daniel Denis, "The Early Origins and Development of the Scatterplot," *Journal of the History of the Behavioral Sciences* 41, no. 2 (Spring 2005): 103–130, http://datavis.ca/papers/friendly-scat.pdf.

3. Ben Shneiderman and Catherine Plaisant, "Treemaps for Space-Constrained Visualization of Hierarchies, including the History of Treemap Research at the University of Maryland," University of Maryland, http://www.cs.umd.edu/hcil/treemap-history/.

4. 譯注：圖中的大老黨（Grand Old Party）指的是共和黨。查克指的是查克·舒默（Chuck Schumer），美國紐約州資深聯邦參議員，現任參議院少數黨領袖。南西指的是南西·佩洛西（Nancy Pelosi），第五十二、五十五任美國眾議院議長。寇爾克指的是鮑伯·寇爾克（Bob Corker），美國田納西州聯邦參議員。科米指的是詹姆斯·科米（James Comey），美國第七任聯邦調查局局長。

5. Stef W. Kight, "Who Trump Attacks the Most on Twitter," *Axios*, October 14, 2017, https://www.axios.com/who-trump-attacks-the-most-on-twitter-1513305449-f084c32e-fcdf-43a3-8c55-2da84d45db34.html.

6. 譯注：指個體面對世界時，解釋、理解、應對事物運作的認知歷程。

7. Stephen M. Kosslyn et al., "PowerPoint Presentation Flaws and Failures: A Psychological Analysis," *Frontiers in Psychology* 3 (2012): 230, https://www.ncbi.nlm.nih.gov/pmc/articles/PMC3398435/.

8. Matt McGrath, "China's Per Capita Carbon Emissions Overtake EU's," BBC News, September 21, 2014, http://www.bbc.com/news/science-environment-29239194.

9. 譯注：志文出版社新潮文庫系列，楊耐冬譯，2004年10月重排版。

第二章
# 因設計不良而說謊的圖表

　　圖表設計過程很容易出現各種紕漏 。可能是代表數據的圖形尺寸錯了，沒有按正確比例呈現數據，也可能是度量刻度出了差錯，或者在選擇度量單位時，設計師並沒有完全理解數據的特性。

　　現在我們已學到圖表製作的核心原則，接下來瞧瞧要是圖表打破了核心原則，會產生什麼後果。

## 為立場扭曲資訊的圖表

　　一提到政治，難免有人會盲目瘋狂地支持特定立場，但這並不是製造或傳播錯誤圖表的藉口。2015年9月29日星期二，美國國會辦了場計畫生育聯盟（Planned Parenthood Federation of America）的聽證會，聯盟的前任主席西塞兒・理查茲（Cecile Richards）代表出席。計畫生育聯盟是美國的非政府組織，提供生育保健和性教育等相關服務。保守的共和黨人士經常攻擊他們，因為計畫生育也提供人工流產服務。

　　猶他州共和黨眾議員傑森・查菲茲（Jason Chaffetz）在聽證會上與理查茲激烈交鋒，為了支持自己的論點，他拿出一張圖表，請見下頁圖。 1 請讀者先別讀圖中的數據，那些數字小得可憐，不過原圖的數字就是那麼小。

　　查菲茲以挑釁的口吻，要理查茲瞧瞧這張圖並提出解釋。這張圖被放上投影機，但理查茲坐得離螢幕有點遠，只能一臉困惑地瞇著眼睛。接著查菲茲說道：「（灰色）代表乳房檢查的次數下降，而紅色代表人工流產

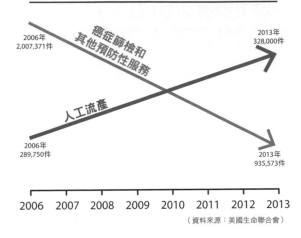

（資料來源：美國生命聯合會）

的次數增加。這就是你的組織做的事。」

理查茲回答，她並不知道這張圖出自何處，而且不論如何，這張圖「沒有正確呈現計畫生育組織所從事的工作」。

查菲茲劍拔弩張地質問：「這些數據都是我們從你的報告抓出來的，難道你敢否認嗎？……我可是直接從你們的報告中抓出這些數據！」

這句話只對了一半，理查茲明確指出他話裡的漏洞：「這張圖的資料來源其實是反墮胎團體，美國生命聯合會（Americans United for Life）。我想你應該先確認一下資料來源。」查菲茲結結巴巴道：「我們……我們絕對會追根究柢，找出真相。」

「追根究柢的真相」就是：這張圖的數據的確來自計畫生育聯盟的報告，但生命聯合會扭曲了呈現數據的圖表。這張圖要表達的重點是，癌症檢測與預防措施服務減少的比率，等同於人工流產增加的比率。這是錯的。這張圖表在說謊，因為每個變項的縱軸都不一樣。它讓人們誤以為當時計畫生育聯盟在最近一年，也就是2013年，施行的墮胎手術遠遠超過預防措施。

現在請讀者試著讀讀那些超級迷你的數字。癌症檢測與預防措施服務

的確從200萬件大幅減少為100萬件，但墮胎的數字只從29萬件，小幅增加為32.8萬件。如果以正確的度量單位繪製這張圖，結果會如下圖：

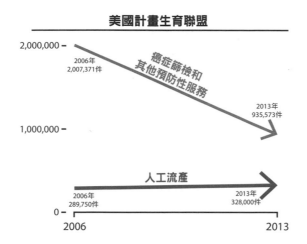

　　美國的「政治事實網站」（PolitiFact）是極為優秀的真相查核網站，他們調查了原本的圖表從何而來，並採訪數名消息人士，深入了解計畫生育聯盟所提供的服務種類：[2]「計畫生育聯盟每年所提供的各種項目服務的件數常會出現大幅變動，這背後有許多原因，諸如法規、醫療實務方針的改變，旗下診所的增設或關閉，都會造成數據波動。」

　　人工流產增加的幅度極小，而且其實從2011年開始下降。既然如此，那原圖的數據不就是假的嗎？其實，原圖橫軸雖然標了2006~2013年間每一年的年分，但只比較了2006年和2013年的數據，完全忽略其他年度的數字。要是我們真列上每一年，計畫生育聯盟旗下診所施行的人工流產案件數據結果如下頁上圖，只有2009年和2011年比其他年分稍微高一些。

　　由此看來，美國生命聯合會不只扭曲了數據呈現的方式（也就是本章主題），還刻意隱藏重要資訊，我們會在第四章探討這個主題。

　　數據科學家和設計師愛蜜莉・舒赫（Emily Schuch）搜集了美國計畫生育聯盟2006~2013年間各年度（除了2008年）的報告，發現除了疾病預防措施和人工流產以外，聯盟還從事許多服務，包括懷孕與產前照護、性

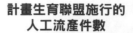

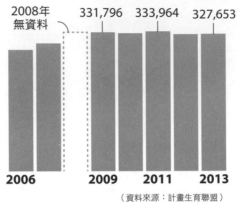

計畫生育聯盟施行的
人工流產件數

2008年
無資料          331,796    333,964    327,653

**2006**        **2009**    **2011**    **2013**

（資料來源：計畫生育聯盟）

傳染病檢測⋯⋯等等項目。事實上，人工流產只占了計畫生育聯盟所提供
的服務一小部分而已。舒赫製作的圖表請見下方：

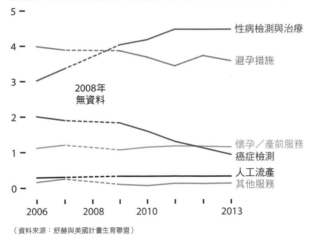

**計畫生育聯盟提供的服務（以百萬次為單位）**

性病檢測與治療

避孕措施

2008年
無資料

懷孕／產前服務
癌症檢測

**人工流產**
其他服務

2006      2008      2010           2013

（資料來源：舒赫與美國計畫生育聯盟）

　　舒赫指出，2006~2013年間，聯盟從事的性傳染病與性感染病的檢測
與治療件數增加了50%。同時舒赫也為同期的癌症檢測件數何以大幅減
少，找到了可能答案：

　　「美國在2012年正式調整子宮頸癌檢測頻率的全國建議方針，但美國婦產科醫學會（American College of Obstetricians and Gynecologists）從2009年就建議降低頻率。**在此之前，官方建議婦女每年都做一次子宮頸抹片檢查，但現在改為每三年做一次即可。**」[3]

　　本書並不在乎讀者支不支持以公費補助美國計畫生產聯盟。本書旨在告訴讀者，客觀而言，舒赫的圖表顯然比美國生命聯合會的圖表更加可靠，因為前者列出所有相關數據，也沒有為了達成特定目的，扭曲數據呈現的方式。兩者的差異在於，一張圖表的設計師希望向民眾提供資訊，鼓勵人們開誠布公地討論，而另一張圖表的設計師別有用心，只是薄弱無能的宣傳工具。

## 三度空間視覺效果的誤用

　　熟悉圖表的人和正直的圖表設計師，看到視覺扭曲的圖表時常忍不住哈哈大笑，然而有時它們也會令人發火。舉例來說，假設我開了家公司，想向民眾宣揚自家公司的銷售額比其他主要競爭對手還要高得多，因此附上下列圖表佐證。

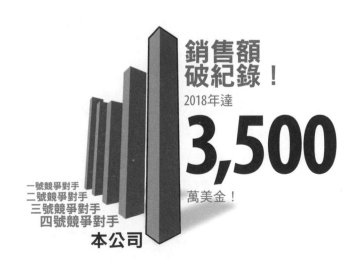

本公司的市占率最大。整個市場放眼望去，本公司的銷售額最驚人！

**市場重疊的所有公司**

四號競爭對手　　　　　　　　　　　一號競爭對手

三號競爭對手　　　　　　　　　　　二號競爭對手

**破紀錄！**
2018年銷售額 **3,500** 萬美金！

本公司自2011年起生意蒸蒸日上！

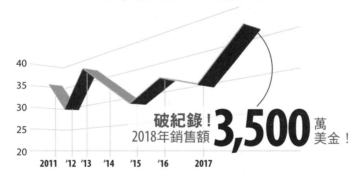

**本公司的銷售額增長驚人！**

40

35

30

25

20

2011 '12 '13 '14 '15 '16 2017

**破紀錄！**
2018年銷售額 **3,500** 萬美金！

　　在圖表世界裡，三度空間視覺效果可說是個大禍害。讀者可能以為，我畫的這幾個圖例都太誇張了。不，我一點也沒有誇張。讀者只要翻翻企業的新聞稿、記者會幻燈片、網站，或各種組織報告，必會看到類似的圖表，甚至不乏更可怕的例子。它們看起來既吸睛又具衝擊性，但根本沒有提供確實資訊。

　　我宣稱本公司市占率最大，而且銷售額大增，請讀者試著瞧瞧可否在

圖表中看出我說的是真還是假。看不太出來，是吧？我選擇了最有利的角度，誇大我的功績。順道一提，如果這些是互動式圖表，或是能透過虛擬實境的工具看這些圖表，結果會大不相同，因為讀者可以調整觀看角度，也能把三維圖表轉成二維。

　　有些人認為三度空間效果並不會構成困擾，畢竟我們可以在所有的柱狀、線條或派圖上標出每個數據；既然如此，那一開始又何必如此設計，故意為難人呢？一張設計優良的圖表，必須讓讀者無需細讀每個數字，就能看出數據的趨勢或模式。

　　一旦捨棄誇張的視覺角度，讓每個長方形、每塊派餅、每條線的高度都真實呈現實際數據，那麼讀者就會清楚發現，一號競爭者其實比本公司的表現更好一些；不只如此，本公司2018年的銷售額，事實上比2013年最高峰時期還低一點。

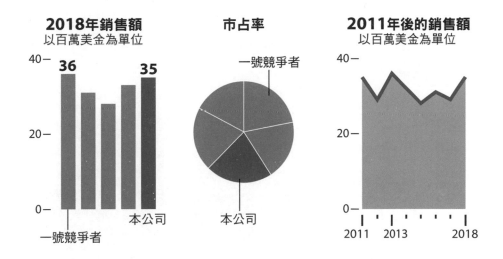

## 縱橫軸刻度與比例的重要性

　　由此可見，扭曲的圖表常是隨意捏造縱橫軸刻度與比例的結果。歐巴

馬擔任美國總統時，白宮在2015年12月發表一篇推特短文：「好消息：美
國高中生畢業率達到歷史新高。」同時附上一張圖，如下：4

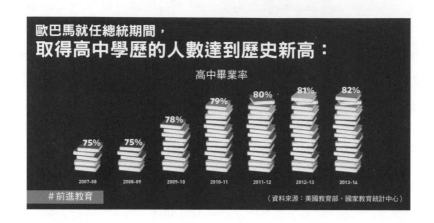

　　我們設計圖表時，必須按照數據特質決定圖表的計量刻度與視覺編
碼方式。此例的數據是各學年度畢業生的比例，採用高度為編碼方式。
因此，長柱高度必須等比例反映數據大小，基準點應為0%，最頂端應為
100%，如下圖：

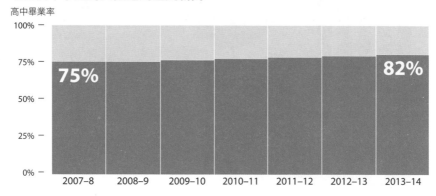

這張圖的長柱比例才符合實際數據，也標出資料中最早和最新年度的

比例。我們只要將字級加大，就能保留原圖最想強調的重點：「好消息，高中生畢業率增加了7個百分點。」

　　白宮提供的圖表引人疑慮，因為它同時切斷了橫軸（X軸）和縱軸（Y軸）。新聞網站「石英財經網」（Quartz，網址：https://qz .com）也指出，根據美國教育部的資料，圖表設計師把X軸的起始點定為2007~2008學年度，掩蓋了美國高中畢業率從1990年代中期就一直上升的事實，這絕不是歐巴馬在任期間獨有的現象：₅

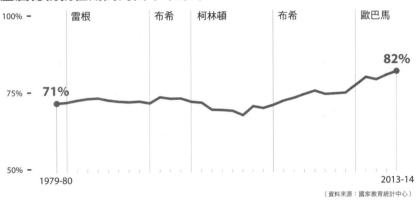

**歷屆總統就任期間的高中畢業率**

（資料來源：國家教育統計中心）

　　你可能好奇，這張圖的基準點為什麼不是零？我接下來會在本章進一步探討該如何設定基準點，但最重要的原則是，當圖表使用高度或長度為編碼方式時，我多半會建議基準點應為零。如果使用不同的編碼方式，基準點就不一定非零不可。

　　折線圖的編碼方式重點在於位置與坡度，因此即使把基準點設得離第一個數據近一些，也不會扭曲圖表的視覺效果。瞧瞧下頁上方兩張圖的線，它們長得完全一樣，坡度沒有絲毫改變，兩張圖都沒有說謊，唯一的差異就是強調了不同重點。第一張圖強調了以零開始的基準線。第二張圖底部的線則和其他刻度的格線一樣都是虛線，因為我想強調**圖表底端並不是零**：

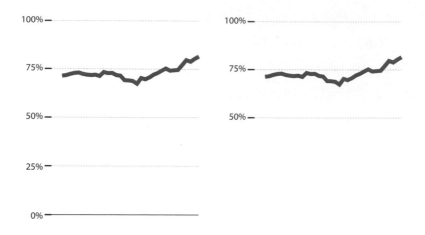

　　在解讀圖表內容前，我們得先注意瞧瞧圖表的骨架，也就是它的計量刻度和圖例說明，才找得出圖表扭曲了哪些資訊。下圖是一張發表於2014年的圖表，由西班牙阿爾科孔市製作，宣稱在當時市長大衛·佩雷茲·賈西亞（David Pérez García）帶領下，就業市場表現亮眼，值得慶賀。此圖的兩半宛如鏡像般對稱。乍看之下，前任市長安立奎·卡斯卡葉納·加拉斯特吉（Enrique Cascallana Gallastegui）主理市政期間，失業人數激增，而賈西亞一上任，失業人數便以同樣明顯的速率下降；但只要讀者注意一下那些字級特小的標示數字，就會知道這絕非實情：

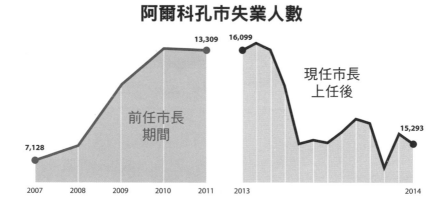

　　此例陷阱是縱軸和橫軸的計量單位都截然不同。左半部是各年度的數據，右半部卻是各月分的數據。如果我們把這兩半的數據，放進縱橫軸單位一致的圖表中，就會發現雖然失業人數的確下降，但絕沒有前一張圖顯示的那麼戲劇化。

### 阿爾科孔市失業人數

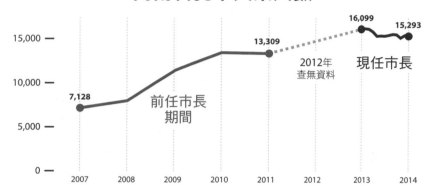

## 魔鬼就藏在「比例」中

　　有些讀者可能心想，不管繪製者無心或有心為之，但玩弄一下比例，或並列度量單位不同的圖表，都沒什麼大不了的。畢竟我也聽過某些圖表設計師表示：「每個人都該讀讀標示文字和度量單位。只要人人都這麼做，就能在心中自行還原圖表原本的樣子。」這話說得沒錯，我同意所有人都該謹慎細讀標示文字。但我們何必把比例和度量單位搞得一團糟，刻意為難讀者呢？

　　雖說只要人人都留神注意圖表的骨架，就算眼前有張畸形圖表，只要努力在腦中還原比例正確的圖表真貌即可解決問題，但錯誤的圖表還是會讓讀者在無意識間形成誤解。

　　紐約大學一群學者設計數張虛構圖表，每張圖都有正確與錯誤兩個版本。他們想像兩個不存在的城市柳鎮和林鎮，並比較兩地飲用水的取得狀

況。₆一半的圖正確呈現數據,沒有扭曲計量刻度和比例,另一半則扭曲了計量刻度和比例:柱狀圖的縱軸被切掉一大半,氣泡圖的圓形面積沒有正確顯示數據比例,折線圖的長寬比也動了手腳,刻意讓線條看起來比較平緩,縮小數據差異。下面就是這三組正確與錯誤的圖表:

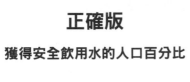

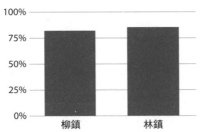

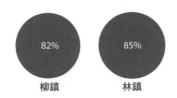

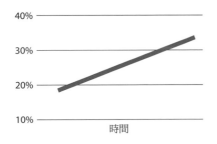

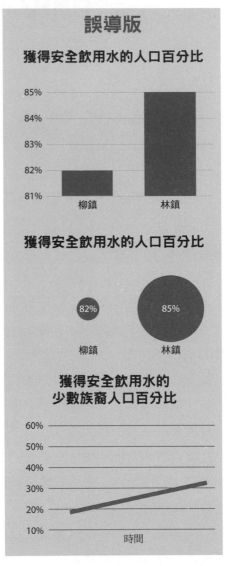

　　研究人員請數組不同的受試者比較這幾個圖的內容，詢問他們：「第二個鎮的數據比第一個鎮的高很多？還是只高一點點呢？」實驗結果顯示，即使沒有刻意遮掩文字，受試者清楚看到圖表的度量單位、刻度和數字，但還是被圖像誤導了。教育程度較高、常接觸圖表的人表現較好，但回答題目時還是答錯了。

　　但在學者推動這類實驗之前，有些居心不軌的人早就憑直覺發現，只要施些小伎倆就能用圖表誤導民眾。2015年12月，《國家評論》雜誌（*National Review*）引用部落格Power Line的圖，加上標題：「唯一一張你不能不看的氣候變遷圖」。[7]可嘆的是，看來《國家評論》被Power Line擺了一道：

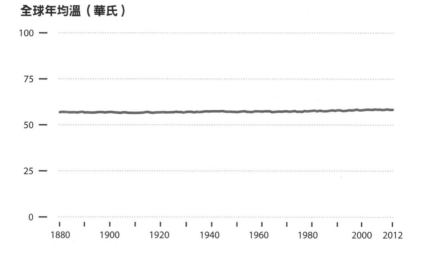

　　許多人在社群媒體上嘲笑這張圖，數據分析師尚恩・麥克艾威（Sean McElwee）也不例外。麥克艾威在推特發文表示：「看來我們也不用擔心國債問題了！」並附上下頁上圖。[8]

　　2017年10月，美國債務達到國內生產毛額的103%時，我曾為此擔心過。但從這張圖看來，我根本多慮了：我們離3000%還遠得很呢！

　　紐約市立大學永續城市研究所研究員理查・瑞斯（Richard Reiss）則在

**聯邦債：公債總額占國內生產毛額的百分比**

Power Line的原圖中加上一些幽默注解，進一步指明為什麼原圖的計量刻度鬧了那麼大的笑話：

**全球年均溫（華氏）**

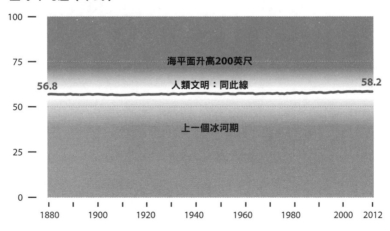

瑞斯的玩笑蘊藏許多智慧。上圖紅線的起始點和結束點其實只差了華氏1.4度，相當於攝氏0.8度，以絕對值來說看似微不足道，但其實是非常嚴重的氣溫變化。15~19世紀北半球進入小冰河期時，全球均溫只比20世

紀末期低了華氏1度，，就造成嚴重後果，偏冷的氣候引發飢荒，流行病大肆蔓延。

如果接下來50年，地球氣溫持續上升華氏2~3度，勢必會造成一樣慘重的結果，甚至有過之而無不及。更可怕的是，惡夢極有可能成真。如果全球年均溫真達到華氏100度（即Power Line那張可笑圖表的上緣），地球早已變成一座煉獄。

不只如此，Power Line的設計師還把圖表基準線定為零。這實在太可笑了！基於數個原因他們都不該這麼做，但最重要的一點就是華氏和攝氏溫度的最小值都不是零，只有克爾文溫度（Kelvin scale）[10]從零開始。

圖表設計師的職責是提供資訊，而不是誤導世人。設計師必須謹慎考量後，再選擇合宜的計量刻度和基準線：

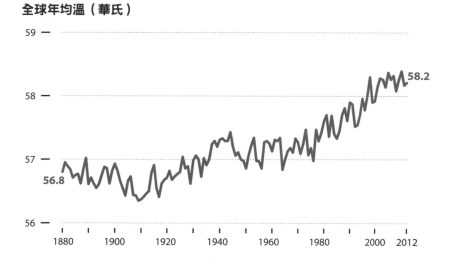

**全球年均溫（華氏）**

讀者也許聽過有些人宣稱：「所有圖表都必須從零開始！」戴瑞・赫夫（Darrell Huff）在他1954年的著作《如何用統計數據說謊》（*How to Lie with Statistics*）中大力推廣這種說法。我希望上述例子能讓讀者不再迷信這個觀念。赫夫的著作雖然有點過時，但提供了各種好建議，可惜這句話

他說錯了。

圖表設計就像寫作一樣，既是種科學，也是種藝術；它並沒有一連串堅不可破的守則，正好相反。我們面對的是許多彈性極大的原則和方針，有多不勝數的例外，同時也藏了許多危險陷阱。身為圖表讀者，我們是否該要求所有圖表的計量單位都從零開始？這端看圖表要傳達的資訊本質，可依版面大小以及編碼方式而定。

有時這幾個元素彼此衝突，造成矛盾。下圖是全球出生時平均餘命（Life expectancy at birth）[11] 圖，看起來變化並不大，是吧？

**全球新生兒出生時平均餘命（歲數）**

（資料來源：世界銀行資料）

這張圖同時面臨了兩個挑戰：可用的版面空間很寬但高度很矮，因此我決定用高度作為編碼方式，使用柱狀圖呈現。

礙於版面長寬的限制，以致相當顯著的差異變得沒那麼明顯。1960年時，全球平均餘命是53歲，2016年增加到72歲，足足增加了35%。但從這張圖看不出如此大的差異，因為柱狀圖的起點必須從零開始，圖中長方形的高度由每一項數據決定。它們看起來都很矮，但這是圖表的長寬比造成的視覺效果。

設計圖表時，從來沒有完美無缺的解決方案，但只要細細考量資訊本身的特性，就能找出相對合理的妥協方案。理論上來說，各國新生兒平均餘命資料的最低點的確可能是零，但這並不符合**邏輯**。要是一國數值是零，這代表那一國的嬰兒離開母親子宮沒多久就一命嗚呼了。

因此在此例中把零訂為基準線（長條圖和柱狀圖建議以零為基準線），會讓差異看起來不明顯。這就是我之前提到的矛盾：編碼方式（高

度）強迫我們做一件事，但資料本身建議我們做出不一樣的決定。

　　此例中，我選擇的妥協方案就是放棄以高度為編碼手段。我改用折線圖，以位置和角度編碼，如此一來就能把基準線設得離資料一開始的最低數值近一些，如下圖：

**全球新生兒出生時平均餘命（歲數）**

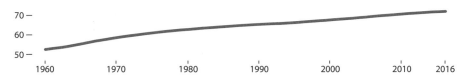

　　圖表版面的長寬比不符合理想，但現實就是如此，不可能事事如意，只能善加運用有限空間。當版面高度很低又很寬，我只能做出這樣的圖。記者和圖表設計師常常得變通折衷，身為讀者，我們只能要求他們在權衡各種可能性之餘，保持公正誠實的態度。

　　不過，如果設計師不受既定空間的限制，那麼我們可以要求他們盡量別畫下面這兩種圖：

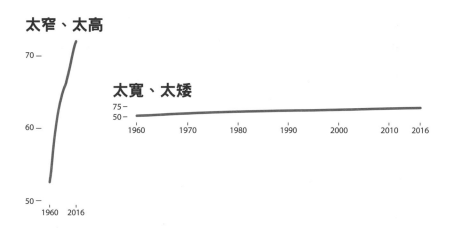

他們應該設計一張長寬比適中，不刻意誇張也不刻意壓縮數值變化的

圖表。該怎麼做呢？我們在此例要呈現的是增加的35%，也就是說每100
單位增加了35，或者增加了1/3。圖表長寬比習慣將寬度納入優先考量，
因此此例長寬比會是3:1。我可以依此約略估計，寬度約莫是高度的3倍，
結果請見下圖：

**全球新生兒出生時平均餘命（歲數）**

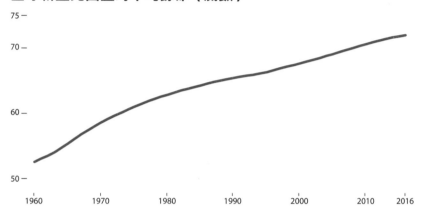

不過我得先提出嚴正提醒：這條規則並不適用於所有圖表。回想一
下，我之前提到我們該考量的不是抽象數字，而是它們代表的意義。有
時數值增加了2%，乍看之下微不足道，但實際上是非常顯著的變化，前
面提到的全球均溫就是如此。如果我們依此把圖表的長寬比定為100:2，
或50:1（也就是圖表的寬度是高度的50倍），數值的變化看起來會很不明
顯，誤導讀者。

本書一再強調圖表設計很像寫作。雖說我們看圖表時，並不像讀傳統
書籍一樣按行閱讀，但解析一張圖表，就像解析一篇文章。讓我們延續這
樣的譬喻：前面「太窄、太高」的圖表，可稱作寫作的誇飾法；至於「太
寬、太矮」，則是刻意輕描淡寫。

圖表如文章，我們能從圖表評估某項言論是否太過誇張，或太過輕描
淡寫，或是介於上述兩者之間，合宜而中庸。同樣的，設計圖表有如寫
作，並非依循絕對而僵化的規則，有許多的變化與可能。只要運用在第一

章學到的基本圖表語法原理，審慎考量當下面對的資料特性，我們多半能找出一個並非完美無瑕，但合情合理的折衷設計方案。

## 算術尺度vs.對數尺度

有些圖表看似扭曲了數據，但事實上並非如此。下圖就是一例，請讀者先略過那些計量標示，單看圖表中的圓圈即可。每個圓都代表一國。這張圖表呈現各國新生兒出生時平均餘命（縱軸）和人均國內生產毛額（橫軸）：

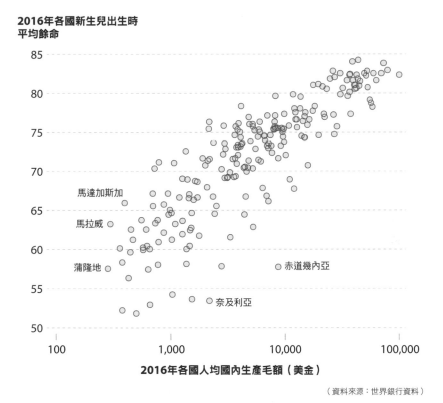

（資料來源：世界銀行資料）

現在讀讀縱、橫軸標示。你有沒有發現橫軸看起來有點奇怪？人均國內生產毛額的間隔並不相等（如1,000、2,000、3,000），而是10的次方：

100、1,000、10,000、100,000。這叫作對數尺標（logarithmic scale）——更精準地說，這叫作以10為底的對數尺度（我們也能以其他數值為底）。

「這張圖在說謊！」你可能已經縱聲大吼，緊握拳頭朝空中揮舞。但我會說，先等一會兒。讓我們想一下這張圖打算呈現的數據是什麼。（給你們一點暗示：我選擇對數尺度的緣由，與我特別標示出來的國家有關。）

讓我們瞧瞧，要是把橫軸的計量刻度改為相同間隔，結果會如何。這叫做算術尺度（arithmetic scale），是各種圖表中最常用的計量方式：

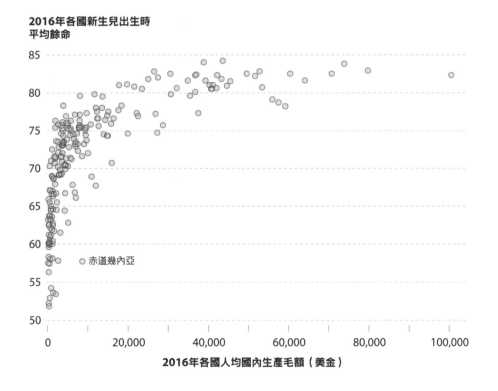

2016年各國新生兒出生時
平均餘命

我在87頁的圖表中特別標示出幾個非洲國家。現在，請讀者試著在上圖中找出它們。你一眼就看到赤道幾內亞，因為它是個特例：赤道幾內亞的人均國內生產毛額遠比平均餘命相近的其他國家要高。但幾個我想特別

研究，並在87頁的圖表中標示出來的國家：奈及利亞、馬拉威、馬達加斯加、蒲隆地，由於人均國內生產毛額太低，因此它們與其他同樣貧窮且人民平均餘命較短的國家擠在一起了。

　　我們不該在仔細判讀前輕信一張圖表；同樣的，我們也不該在思考圖表的設計初衷之前，就一口咬定它在說謊。回想一下本書一開始舉的例子，2016年美國總統大選投票結果。圖像本身是正確的，如果我們的目的是呈現各地區的投票結果，那麼它並沒有說謊。然而，人們用它說明多少人把票投給了哪個候選人，那它就成了個謊言。

　　評估這兩張散布圖的主旨之前，我不會說任何一張圖在說謊。圖表的目的是想呈現人均國內生產毛額與國民平均餘命的關聯嗎？那麼88頁的圖表可能比較好。它讓我們看到圓點呈倒L型分布——許多國家的人均國內生產毛額很接近，都非常低，但這些國家的人民平均餘命長短卻有明顯的差異（圖的左邊聚集了許多點，形成一長列），而比較富有的數個國家，人均國內生產毛額的差異很大，但它們的國民平均餘命卻很接近（圖上方的圓圈比較分散）：

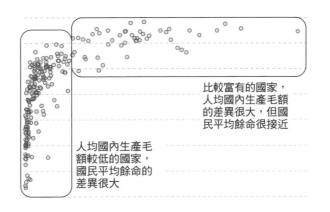

　　但這並不是87頁的圖表的目的。我想透過這張圖強調的是，有些非洲國家即使人均國內生產毛額比較高（如赤道幾內亞和奈及利亞），但平均餘命卻很短；相較之下，有些國家雖然非常窮困，但平均餘命卻長得多，

比如馬拉威、蒲隆地，還有比前兩者更長壽的馬達加斯加。要是我以算術尺度來畫圖，這些國家多半會消失在一連串密集重疊的圓圈中，看不出哪個圓代表哪一國。

對數尺度聽起來是個複雜的名詞，但只要舉個例子，相信讀者很快就能明白。測量地震強度的芮氏規模（Richter scale），也是以10為底的對數尺度。芮氏規模2.0地震的地震波震幅，並不是比芮氏規模1.0強2倍，而是10倍。

我們也會用對數尺度來呈現指數增長（exponential growth）。想像一下我家後院有4隻沙鼠，2隻公的，2隻母的。接著牠們成對交配。每對沙鼠會生下4隻小沙鼠，這4隻小沙鼠會跟另一對沙鼠生下的4隻小沙鼠交配。接下來第二代的每對沙鼠會再生下4隻小沙鼠，以此類推。

我可把鼠口增長的狀況畫成下圖：

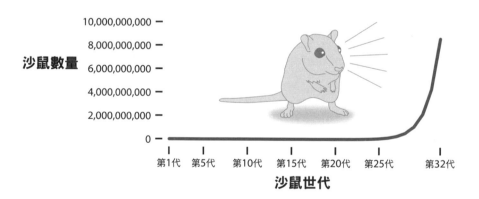

如果我用這張圖評估要買多少沙鼠飼料，我會以為直到第二十五代以前都不需要改變飼料量。畢竟圖中紅線直到二十五代之前都平坦得很。

從這張圖中，我們看不出沙鼠數量每一代都以倍數增長，但沙鼠每增加一代，我購買的食物量就必須加倍。因此，以2為底的對數尺度（每個刻度都是前一個數值的2倍）可能比較適合，因為我想了解的是變化率，而不是想了解實際數目或絕對值。到了第三十二代，我家後院的沙鼠數量

就會超過全球人口，因此也許我得預先規劃節育措施才行：

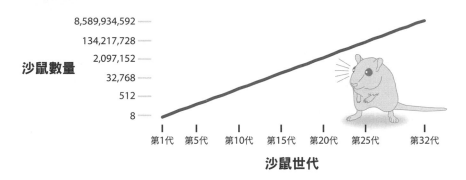

## 製圖誤區：截斷數據

　　許多圖表之所以說謊，並不是因為使用了算術尺度或對數尺度，而是編碼數據的圖像符號被用奇怪的方式截斷或扭曲。我常看到許多圖表截斷了縱橫軸和圖像符號，如下圖。

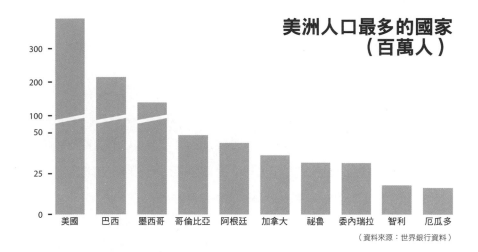

（資料來源：世界銀行資料）

　　這張圖說了謊，因為縱軸的刻度間隔並不相等，而且前三國的長柱被截成兩半。符合實際數值比例的圖表如下頁圖：

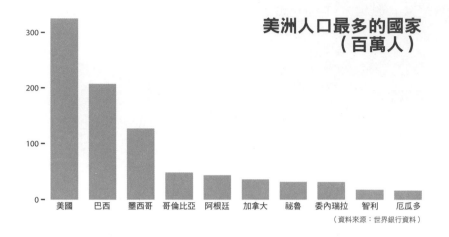

美洲人口最多的國家
（百萬人）

（資料來源：世界銀行資料）

　　上圖才是正確版本，但它還是有缺陷。比方來說，我們可能會抱怨第二張圖中，人口較少的國家之間的差距變得不太明顯。身為讀者，我們可以要求設計師不要單畫一張圖，改用兩張圖呈現數據：第一張圖是上圖，呈現所有國家的人口數，再加上一張針對小國的放大圖。這樣一來，同時達成所有目標，也保留了圖表度量的一致性。

## 「目的」決定「方法」

　　製圖家馬克・蒙莫尼爾在其經典名著《如何用地圖說謊》中指出，所有的地圖都在說謊。我們可將這句名言擴及所有圖表——不過，當然不是所有謊言都以同樣方式誕生。地圖之所以說謊，是因為地圖的繪製原理，始於把一個球形表面（也就是地球）投射為平面。因此所有地圖都扭曲了某些地理特色，比如改變了某些地區的大小或形狀。

　　右上方地圖使用的是麥卡托投影法（Mercator projection），由16世紀的傑拉杜斯・麥卡托（Gerardus Mercator, 1512~1594）發明。在這張圖中，離赤道比較遠的國家變得比實際要大得多。比方來說，格陵蘭本該比南美洲小，而阿拉斯加則大得超乎常理。但這張圖呈現了陸塊的實際形狀：

　　另一種投影法稱作蘭伯特圓柱等面積投影法（Lambert's Cylindrical Equal Area），犧牲了陸地形狀的準確度，好讓陸塊面積符合實際比例：

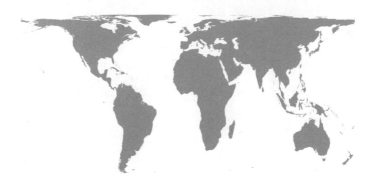

　　下圖則稱作羅賓森投影法（Robinson's projection），它既未保留真實的陸地形狀，也沒有保留正確的陸地面積大小。雖然它同時犧牲兩者，但結果看起來卻比蘭伯特投影法更舒服：

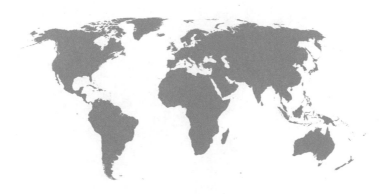

　　地圖投影法就像所有抱持誠實之心所設計的圖表一樣,沒有好壞可言。有時某個投影法**比較好**,有時**比較差**,全根據地圖的用途與目的而定。要是讀者想在自家小孩房裡掛幅世界地圖,那麼羅賓森投影法比較有教育意涵,遠比麥卡托或蘭伯特更適合。然而,如果你的目標是用在航海,那麼麥卡托更實用——畢竟,這正是麥卡托投影地圖的設計初衷。12

　　儘管所有地圖投影法所呈現的地圖都是謊言,但我們知道它們是善意的謊言。圖表有其限制,只能不完美地呈現一部分的真實,但它們不是真實本身。每張圖表都逃不過這種限制。

　　不過,地圖或地區分布圖也可能因拙劣設計而說謊,不管設計師有意還是無心為之。比方來說,我可以玩弄色彩呈現數據的方式,以此證明在美國,貧窮是少數地區的問題:

（資料來源:美國普查局）

……也可以聲稱全美各地都有嚴重的貧窮問題:

　　然而前面兩張圖都誤導了讀者，因為我在深淺色階代表的數值區間動了手腳，第一張變得過度輕描淡寫，第二張則形成太過誇張的視覺效果。第二張圖的問題是，最深的紅色代表了貧窮人口比例在16~53%之間的郡，然而美國多達一半的郡落在這個區間，另一半則落在1~16%之間。這就是為什麼第二張圖紅得如此誇張，令人怵目驚心。

　　比較合理的方式是每個顏色區間代表的郡數約莫相等。美國大約有3,000個郡。下圖列出6個顏色區間，各涵蓋了約莫500個郡（3,000郡除以6個區間，等於每個區間各有500個郡）：

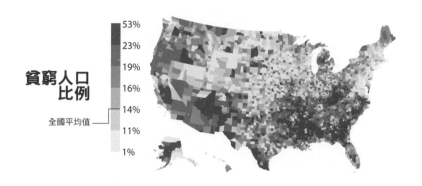

　　且慢！想像一下，如果地圖的標題是「貧窮人口比例超過25%的郡」呢？那麼第一張圖才合適，因為它強調了貧窮率25~53%之間的郡。由此可見，圖表設計的根本在於我們想傳達的數據特點，以及希望讀者注意到的菁華資訊。

## 如何評估資料品質

　　一張圖表是否按照數據比例精準地進行圖像編碼，決定了圖表品質的優劣。但在此之前，我們必須先考量數據本身可不可靠。我們一看到圖表時，第一眼得先瞧瞧資料來源。這些資料來自何處？值不值得信賴？我們要如何評估資訊品質的優劣？且看下一章的討論。

---

注釋：

1. 微軟全國有線廣播公司（MSNBC）錄下當時情況：TPM TV，「計畫生育聯盟的西塞兒‧理查茲反擊共和黨主席提出的墮胎圖」，YouTube, September 29, 2015, https://www.youtube.com/watch?v=iGlLLzw5_KM.

2. Linda Qiu, "Chart Shown at Planned Parenthood Hearing Is Misleading and 'Ethically Wrong,'" Politifact, October 1, 2015, http://www.politifact.com/truth-o-meter/statements/2015/oct/01/jason-chaffetz/chart-shown-planned-parenthood-hearing-misleading-/.

3. 舒赫在Github的個人頁面請見：https://emschuch.github.io/Planned-Parenthood/ ，她的網站為：http://www.emilyschuch.com/。

4. 歐巴馬任總統時期的白宮推特帳號（White House Archived @ObamaWhiteHouse）發文：好消息，美國高中畢業率達到歷史新高。」Twitter, December 16, 2015, 10:11 a.m., https://twitter.com/ObamaWhiteHouse/status/677189256834609152.

5. Keith Collins, "The Most Misleading Charts of 2015, Fixed," Quartz, December 23, 2015, https://qz.com/580859/the-most-misleading-charts-of-2015-fixed/.

6. Anshul Vikram Pandey et al., "How Deceptive Are Deceptive Visualizations? An Empirical Analysis of Common Distortion Techniques," New York University Public Law and Legal Theory Working Papers 504 (2015), http://lsr.nellco.org/cgi/viewcontent.cgi?article=1506&context=nyu_plltwp.

7. 《國家評論》的推文後來被刪除了，但已被《華盛頓郵報》引用，請見：Philip Bump, "Why this National Review global temperature graph is so misleading," December 14, 2015: https://www.washingtonpost.com/news/the-fix/wp/2015/12/14 /why-the-national-reviews-global-temperature-graph-is-so-misleading/?utm_term =.dc562ee5b9f0.

8. "Federal Debt: Total Public Debt as Percent of Gross Domestic Product," FRED Economic Data, Federal Reserve Bank of St. Louis, https://fred.stlouisfed.org/series/GFDEGDQ188S.

9. Intergovernmental Panel on Climate Change, Climate Change 2001: The Scientific Basis (Cambridge: Cambridge University Press, 2001), https://www.ipcc.ch/ipcc reports/tar/wg1/pdf/WGI_TAR_full_report.pdf.

10. 譯注：由英國數學物理學家、工程師克耳文勳爵（Lord Kelvin）所發明的熱力學溫標（絕對溫標）。

11. 譯注：指的是嬰兒出生時，依據當年度死亡人口數據推估其可能壽命，因此指的是此年出生的嬰兒，在未來死亡率不變的前提下的可能壽命。

12. 馬克‧蒙莫尼爾寫了本專書，討論這個投影法如何受到不公平的惡意抨擊：Mark Monmonier, Rhumb Lines and Map Wars: A Social History of the Mercator Projection (Chicago: University of Chicago Press, 2010).

第三章
# 因資料可疑而說謊的圖表

「垃圾進，垃圾出。（ Garbage in , Garbage out.）」我很喜歡這句格言，電腦科學家、邏輯學家、統計學家也常把它掛在嘴邊，指的是即使一項論點聽來很有說服力，看似牢不可破，但要是它的前提是錯的，那麼它就是錯的。

圖表也一樣。一張漂亮的圖表可能讓人過目難忘，感到驚豔，但如果它使用的原始資料有問題，那麼這張圖表就在說謊。

讓我們瞧瞧，如何在垃圾污染圖表之前，搶先一眼看穿它。

## 注意資料來源

如果你喜歡圖表，那麼你會在社群媒體發現無數令人興奮的驚喜。不久之前，數學家和製圖家傑克伯·瑪瑞安（Jakub Marian）發表了一張歐洲重金屬樂團密度的地理分布圖。我也有樣學樣畫了張圖，並特別標出我的出生地西班牙以及芬蘭，請見下頁圖。₁

我是好幾個硬式搖滾樂團和（非極端）金屬樂團的忠實樂迷，一看到瑪瑞安的歐洲重金屬樂團分布圖，我就愛上了它，立刻與推特和臉書等社交媒體上的聯絡人分享。多年來我一直認為北歐國家是許多金屬樂團的根據地，特別是芬蘭，我們稱它為全球金屬樂的首都。而瑪瑞安的圖證實了我的臆測。

但我細想一下，自問這張地理分布圖的資料來源是否可靠？資料來源如何定義「金屬樂」？我感到有些不安。本書最想傳達的觀念之一，就是

每100,000人的金屬樂團數

民眾容易被圖表誤導的起因,在於圖表往往會主動迎合我們深信不疑的信念。

看到圖表要做的第一件事,就是注意圖表製作者或製作群是否明列資料來源。如果找不到資料來源就是個警訊。我們可由此訂出一則媒體素養(media literacy)的通用原則:**沒有清楚揭露資料來源,或沒有提供佐證連結的文章與圖表,都不值得信任。**

幸好瑪瑞安很清楚透明公開原則,寫明資料來源是一個名叫「金屬殿堂百科全書」(Encyclopaedia Metallum)的網站。我立刻拜訪此網站,瞧瞧他們的資料庫是否真的只有重金屬樂團。

我們在確認資料來源時,必須評估**將什麼納入計算**。資料來源是否只計入「金屬」樂團?還是包括了其他種類的樂團?首先讓我們思索一下,最經典、最具代表性的金屬樂團是哪個?一提到金屬樂,我們想到的是哪些美學、風格和價值觀?而哪個樂團最完整、最徹底地體現這些特色?

要是金屬殿堂涵蓋的樂團,都與此理想樂團相去不遠,也就是說它們之間的相似性大於相異性,那麼我們可以說,此資料來源真的只計入金屬

樂團。

　　來吧，想一個最具代表性的樂團。

　　我敢說，不少讀者此刻腦中都會浮現金屬製品（Metallica）、黑色安息日（Black Sabbath）、機車頭（Motörhead）、鐵娘子（Iron Maiden）、超級殺手（Slayer）等樂團。的確，他們都是純正的金屬樂團。不過，身為一個成長於1980年代的歐洲人，我想到的是猶太祭司（Judas Priest）。

　　猶太祭司是支徹頭徹尾的金屬樂團。我認為他們是最金屬的金屬樂團，具備所有公認的金屬樂團特色。我們先從衣著、態度、視覺風格來說：團員都留著一頭長髮（除了主唱羅伯‧哈福德〔Rob Halford〕是禿頭），穿緊身皮衣，黑褲黑外套上鑲了閃亮的金屬鉚釘，臉上總是掛著鬱鬱寡歡的表情，隨時擺出桀驁不馴的架勢。

　　那麼他們的表演與音樂特色呢？也是全然的金屬味。只要上網搜尋幾段猶太祭司的影片，比如〈火的力量〉（Fire-power）、〈撞倒它〉（Ram it down）、〈止痛藥〉（Painkiller）或〈奮力追趕〉（Hell Bent for Leather），你就會聽到一連串無止境的吉他即興演奏和獨奏，鼓手如雷般的鼓音，猛力甩頭——而且是全團節奏一致地狂甩，這可是道地金屬樂的特色——當然哈福德的嗓音也是一絕，聽起來就像女妖哭嚎似的。

　　要是金屬殿堂所列出的樂團與猶太祭司的相似點多過相異點，那麼我們可以說，資料來源的確只計入金屬樂團。然而，我很熟悉金屬樂界學術文獻（是的，金屬樂也有學術文獻）的標準、歷史和維基百科上的相關網頁列表，常見到不少其他種類的樂團也被歸進「金屬樂」。比如毒藥（Poison）樂團，他們可說跟金屬樂一點關係也沒有‧

　　他們是華麗搖滾樂團。我還是個十幾歲少年時，他們非常受歡迎。有些資料來源（包括維基百科）把他們歸為金屬樂團。這有點誇大其實，不是嗎？

　　我還曾在一些雜誌中看到，人們把旅程（Journey）或外國人

（Foreigner）之類的旋律搖滾（melodic rock）團體稱為重金屬呢。旅程和外國人都是很棒的樂團——但說他們是金屬樂團？我可不這麼認為。

總而言之，我花了幾分鐘瀏覽金屬殿堂百科全書的資料庫。資料庫中羅列了數萬個樂團，我快速瞥了一下，沒有看到有疑慮的樂團，看來榜上有名的樂團都很金屬。我無法徹底清查每一筆資料，但至少我確認它看來具備足夠正當性，沒有犯下可笑的錯誤。

這下子，我才能放心與朋友、同事分享瑪瑞安的歐洲金屬樂分布圖。

## 確認數據計量的對象

看圖表時最重要的就是確認資料計算的是**什麼**且**如何**計算。現任華盛頓哥倫比亞特區記者的路易斯・梅加（Luís Melgar），在讀研究所時是我的學生。他做了一項名為「沒有屋頂的學校」（A School without a Roof）的調查，資料來源是佛羅里達州學校註冊紀錄中無家可歸的兒童人數；此數據在2005~2014年間，從29,545名兒童增加為71,446名。某幾個郡中，每5名學生，就有1人以上無家可歸：

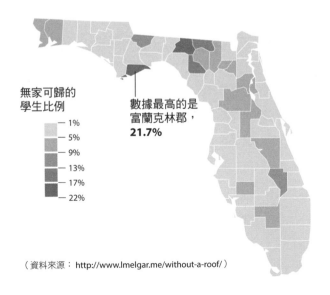

（資料來源：http://www.lmelgar.me/without-a-roof/）

　　我大為震驚。佛羅里達州真有那麼多學生露宿街頭？我直覺地把「無家可歸者」詮釋為露宿街頭的遊民，但這並不符合現實情況。根據梅加的報導，當一個學生「晚上沒有固定、安穩、合宜的住處」，或者因「失去住宅」或「經濟困難」，不得不與非近親的人同住時，佛羅里達州的公立教育系統就認定他或她是名無家可歸的學生。

　　因此所謂無家可歸的學生，大部分都不會露宿街頭，但他們居無定所。也許有些人認為這沒什麼大不了，但它其實是個嚴重問題。根據梅加的調查，如果學生沒有長期穩定的住處，必須頻繁遷徙於不同地點，他們的在校表現就會急劇變差，行為問題也會惡化，甚至造成長期後果。我們必須立刻研討如何解決學生無家可歸的問題，但在此之前，得先了解圖表數據計量的對象是誰。

## 分享網路資訊前先三思

　　網路和社群媒體是強而有力的工具，我們用它們創造、搜尋、散播資訊。我的社群媒體頁面滿是各種新聞資訊和相關評論，由記者、統計學家、科學家、設計師、政治人物寫就、整理、發送，其中有些人是我的朋友，也有些我不認識的人。世上人人都不斷被頭條新聞、照片和影片轟炸。

　　我熱愛社群媒體。我藉由社群媒體發現許多我從來沒聽說過的設計師所繪製的圖表；我也發掘許多由我不認識的作家執筆的文章。感謝社群媒體，我得以見識到各式各樣的表格，有的製作精良，有的則頗為可疑，比如推特帳戶「圖表層」（FloorCharts），專門搜集國會議員拿出來的詭異視覺圖像。

　　瞧瞧次頁懷俄明州參議員約翰・巴拉索（John Barrasso）提供的圖表，他顯然搞混了百分比差異和百分**點**差異：當39%增為89%，這並不是增加50%，而是50個**百分點**，等同於增加了128%：

注：此為巴拉索在參議院發言的照片，圖表標題為「美國經濟信心指數激增50%」，顯示2016年為39%，在2018年增為89%。

　　然而，社群媒體亦有其黑暗面。社群媒體的核心目標，就是刺激使用者分享各種事物，而且必須迅速即時，鼓勵大家在深思熟慮前，先行分享所有吸引我們目光的萬事萬物。

　　這就是為什麼我一見到重金屬樂地理分布圖，就忍不住立刻與人分享。它呼應了我原有的喜好與信念，因此我還沒靜心思考一下就立刻轉發。這讓我充滿了罪惡感，於是我取消了分享，先花點時間確認資料來源可信度後才再次轉發。

　　如果所有人都開始克制分享的衝動，世界會變得更美好。過去，唯有專業人士才有發表平台，比如報紙、雜誌、電視台的記者與媒體業主，他們控制新聞內容，決定大眾得知哪些資訊。如今，我們每個人都握有創造與發送資訊的權力，這也代表我們必須承擔某些責任，其中一項就是我們在讀了一項資訊後，必須在能力所及的範圍內確認該資訊的可信度，才能與他人分享，特別是當它們呼應了我們心中最根深柢固的意識形態、信念和偏見時。

　　有時，立意不良的圖表可能會讓某些人陷入生命危險。

## 當心為特定觀點服務的圖表

2015年6月17日晚上，21歲男子迪倫‧魯夫（Dylann Roof）踏進位於南卡羅來納州查爾斯頓市的以馬內利非裔衛理公會教堂。他求見牧師克萊門塔‧平克尼（Clementa Pinckney）。平克尼在南卡羅來納州和查爾斯頓市都是德高望重的人物，他擔任了將近20年的州參議員。[2]

平克尼帶著魯夫到教堂地下室，參加一場聖經修讀會。牧師在此與幾名信眾一起研討經文。然而經過一場激烈爭論後，魯夫掏出一把手槍，射殺了9個人。其中一名遇害者哀求魯夫停下來，而魯夫回答：「才不要，你們強暴了我們的婦女，你們正在奪走整個國家。我得做我本該做的事。」魯夫口中的「你們」，指的是「非裔美國人」。這間也被稱為「以馬內利聖母堂」的教堂，是美國最古老的黑人教堂。

警方逮捕了魯夫，他成為第一個依聯邦仇恨罪起訴的被告人，並被求處死刑。[3]他在個人宣言與自白書中，解釋自己深沉的種族怨恨從何而來。當他在網路上尋找「專向白人下手的黑人犯罪」資訊時，[4]第一個找到的是保守派公民委員會（Council of Conservative Citizens）的資料。這是個種族歧視組織，經常發表各種圖表宣稱黑人罪犯的受害人多半是白人，而他們之所以專找白人麻煩，只是**因為那些人是白人**，下圖就是一例：[5]

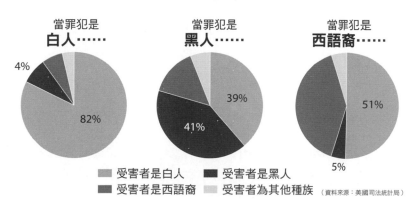

　　人性弱點促使我們往往只看見心裡想看到的事物,魯夫也不例外。從他的個人宣言看來,他自童年和青少年時期起就已萌生對黑人的不滿。極端主義組織為了謀求政治利益,發送各種扭曲的資料與圖表,而它們進一步加深了魯夫的怨恨。那張保守派公民委員會的圖表,由白人優越主義者傑瑞德‧泰勒(Jared Taylor)製作,他的靈感源自《國家評論》記者海瑟‧麥克唐諾(Heather Mac Donald)寫的一篇文章,然而文章內容令人感到困惑。₆這件槍擊案顯示,確認原始資料來源多麼重要,我們必須細讀那些圖表角落的小字,了解圖表設計師從何處取得數據才行。

　　泰勒的數據來自美國司法統計局進行的犯罪受害者調查報告,很容易就能在谷歌上找到。更精準地說,數據來自下方的表格。我在表中加上提示箭號,請讀者細讀那些數字;紅色方格中的數字是百分比數值,把一整行加總起來會等於100%:

2012~2013年暴力犯罪受害者的種族分析表,依受害者的種族或西語裔背景,及罪犯外顯的種族特徵或西語裔背景分列

| 受害者種族 | 平均一年受害人數 | 總計 | 加害者種族 | | | | |
|---|---|---|---|---|---|---|---|
| | | | 白人／a | 黑人／a | 西語裔 | 其他／a,b | 未知 |
| 暴力事件總計 | 6,484,507 | 100 % | 42.9 | 22.4 | 14.8 | 12.1 | 7.8 |
| 白人／a | 4,091,971 | 100 % | 56.0 | 13.7 | 11.9 | 10.6 | 7.8 |
| 黑人／a | 955,800 | 100 % | 10.4 | 62.2 | 4.7 | 15.0 | 7.7 |
| 西語裔 | 995,996 | 100 % | 21.7 | 21.2 | 38.6 | 11.6 | 6.9 |
| 其他／a,b | 440,741 | 100 % | 40.3 | 19.3 | 10.6 | 20.3 | 9.5 |

a/未計入西語裔
b/計入印第安美國人、阿拉斯加原住民、亞洲人、夏威夷人、其他太平洋島人,以及有兩種以上血統的人士

(資料來源:美國司法統計局,國家犯罪受害者調查)

　　這張表格列出的是謀殺以外的暴力犯罪案件。請讀者注意,「白人」和「黑人」並沒有計入西語裔(Hispanic)及拉美裔(Latino)的白人和黑人。Hispanic一字涵蓋所有西語裔或拉美血統人士,不管他們的膚色或種族為何。

　　要了解原始表格的數字,和泰勒製作圖表的數字有何差異,可是件難度頗高的任務。讓我們先把表格中的資訊化為文字。相信我,要是沒有

一一分析，向自己解釋一番，連我都很難釐清兩組數字之間的關係。

- 在2012和2013年，美國一年暴力犯罪案件的受害人數逼近650萬人，此數字沒有計入謀殺案。
- 將近650萬名受害者中，白人受害者超過400萬人，占全部受害者的63%。黑人受害者接近100萬人，占全部受害者的15%。剩下的受害者則來自其他種族或文化背景。
- 現在注意標示「白人受害者」的那一行：其中有56%被白人罪犯攻擊；13.7%則被黑人攻擊。
- 接下來瞧瞧「黑人受害者」那一行：其中有10.4%被白人罪犯攻擊；62.2%則是被黑人攻擊。

　　這張表格所說的，也就是原始資料揭露的真相是：非西語裔的白人和黑人受害者比例，相當接近美國全體人口組成中兩個種族的占比：受害者中，63%是非西語裔的白人，而根據人口普查局，美國人口中有61%是非西語裔的白人（如果計入西語裔的白人，占比增為70%）；15%的受害者是黑人，而非裔美國人占了全美人口的13%。

　　人們受到攻擊時，攻擊者來自相同種族背景的機率遠高於不同種族。讓我們學學泰勒畫3張圓餅圖，不同的是，我們呈現的是正確數據：

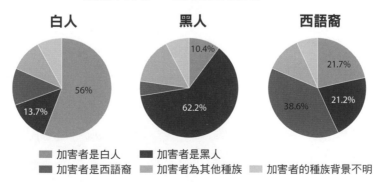

被誰攻擊？當受害者是……

　　然而泰勒的數據卻和司法統計局的天差地別，為什麼呢？為了支持自己原本的見解，激化種族敵意，泰勒在計算時動了些手腳。他說：「當白人犯罪時，他們（大多時候）選擇向自家白人下手，幾乎不會攻擊黑人。但黑人攻擊白人的次數幾乎與攻擊黑人的次數一樣多。」

　　泰勒操弄數據時，先把司法統計局表格中的受害者比例，換算成人數。比方來說，表格顯示白人受害者超過400萬，其中56%是被白人攻擊，那麼大約有230萬名白人受害者被白人攻擊。

　　泰勒擬出的第一張表格，可能看起來像下圖：

| 受害者的<br>種族／族裔背景 | 平均一年<br>受害者人數 | 白人<br>罪犯 | 黑人<br>罪犯 | 西語裔<br>罪犯 | 其他種族<br>罪犯 | 未知 |
|---|---|---|---|---|---|---|
| 總計 | 6,484,507 | 2,781,854 | 1,452,530 | 959,707 | 784,625 | 505,792 |
| 白人 | 4,091,971 | 2,291,504 | 560,600 | 486,945 | 433,749 | 319,174 |
| 黑人 | 955,800 | 99,403 | 594,508 | 44,923 | 143,370 | 73,597 |
| 西語裔 | 995,996 | 216,131 | 211,151 | 384,454 | 115,536 | 68,724 |
| 其他 | 440,741 | 177,619 | 85,063 | 46,719 | 89,470 | 41,870 |

　　泰勒一列一列由左看到右，再由上看到下，接著使用「總計」那一行的數字當作分母，把所有的數字化成百分比。比方來說，讓我們瞧瞧「黑人罪犯」那一列的數字。黑人罪犯總共攻擊了1,452,530人。這些人中，560,600名受害者是白人，也就是占了1,452,530人的38.6%。這樣一來，我們得到了泰勒在圓餅圖呈現的數據：

| 受害者的<br>種族／族裔背景 | 平均一年<br>受害者人數 | 白人<br>罪犯 | 黑人<br>罪犯 | 西語裔<br>罪犯 | 其他種族<br>罪犯 | 未知 |
|---|---|---|---|---|---|---|
| 總計 | 6,484,507 | 2,781,854 | 1,452,530 | 959,707 | 784,625 | 505,792 |
| 白人 | 63.1% | 82.4% | 38.6% | 50.7% | 55.3% | 63.1% |
| 黑人 | 14.7% | 3.6% | 40.9% | 4.7% | 18.3% | 14.6% |
| 西語裔 | 15.4% | 7.8% | 14.5% | 40.1% | 14.7% | 13.6% |
| 其他 | 6.8% | 6.4% | 5.9% | 4.9% | 11.4% | 8.3% |

　　（請讀者注意，我計算出來的數字與泰勒的圓餅圖大同小異，唯一差別就是白人罪犯的白人受害者人數，我算出來的結果是82.4%，泰勒的數

據則為82.9%。）

　　以算術而言，這些百分比數值並沒有錯，但一個數字有沒有意義，並不全靠算式決定。我們必須依循背景脈絡詮釋數字。泰勒至少做了4個有問題的假設。

　　首先，他忽略了美國人口的種族組成比例。根據人口普查局，2016年美國約莫有73%的人口是白人（包括西語裔與拉美裔白人），13%為黑人。根據這項事實，我在邁阿密大學的研究生和數據分析師亞莉莎・富爾斯（Alyssa Fowers）快速計算了一下：

　　　　假設有名（非常活躍）的白人罪犯，他或她犯罪時，一半時間專門攻擊相同種族的人，其他時候則隨機找人下手，那麼他或她所犯下的案件中，86.5%的受害者會是白人，6.5%的受害者會是黑人。

　　　　然而，要是黑人罪犯以相同模式犯罪——一半時間專找相同種族的對象下手，另一半則隨機下手——那麼他或她的受害者中，只有56.5%會是黑人，36.5%則是白人。乍看之下，黑人似乎刻意找白人下手，而白人則很少向黑人下手，但這其實是美國人口組成比例造成的結果，白人人口比例比較高，潛在的白人受害者人數必定遠遠超過潛在黑人受害者。

　　泰勒的第二個錯誤假設是，他認為自己的計算加總方式比司法統計局的還要好。但事實並非如此。我們必須考量暴力犯罪的本質：攻擊者通常找背景近似的對象下手，特別是住在他們附近的人。舉例來說，許多暴力犯罪都是家庭暴力的結果。

　　司法統計局解釋：「除了搶劫以外，所有的暴力犯罪中，種族內受害者的比例都超過跨種族受害者的比例。」搶劫之所以是例外，是因為如果你是搶劫犯，你通常不會搶自家附近的人，而是會找住在更富有的街區的

人下手。

這項事實與泰勒第三項錯誤前提有關：他認為罪犯會根據受害人的種族來「選擇」下手對象，黑人比較常「選擇」白人，白人比較少「選擇」黑人。事實上，除非是預謀犯案，不然罪犯通常不會刻意選擇受害者，更別提考量受害者的種族背景。

最常見的暴力犯罪種類中，罪犯出手攻擊是因為他們生受害者的氣（家庭暴力），或者因為他們想從受害者身上奪取有價值的物品（搶劫）。黑人會搶劫白人嗎？當然。但這並不是基於種族因素而起的犯罪。

最重要的是泰勒的第四項錯誤假設。泰勒要讓讀者相信，這些數據並不包含真正因種族因素所起的犯罪案件，也就是仇恨犯罪。事實上，原本的數據計入了仇恨犯罪，而且它們才是泰勒應該引用的數據，可惜的是，它們沒有支持他的論點：2013年，執法機關通報了3,407起因種族而引起的仇恨犯罪。這些案件中，66.4%是歧視黑人的案件，21.4%是歧視白人的案件。[7]

這才是應該出現在泰勒圖表中的數字。正如喬治·梅森大學教授大衛·舒姆（David A. Schum）在著作《概率推論的證據基礎》（*The Evidential Foundations of Probabilistic Reasoning*）中說的：[8]「我們必須先確立數據與某項推論的關聯性，數據才能成為此推論的證據。」

許多暴力案件的罪犯是黑人，許多受害者是白人，但這並不是「罪犯根據種族選擇受害人」的證據，也無法證明「罪犯犯罪時，被害人的種族也是他們的行凶動機之一」。

我們不禁想像，要是魯夫找到的是真實數據，而不是保守派公民委員會捏造的假數據，他會怎麼做？他會不會改變自己的種族偏見？我認為不大可能，但至少不會加深他的偏見。可疑的計算方式和圖表，足以造成致命後果。

• • •

## 事實的全貌？

經濟學家羅納德・寇斯（Ronald Coase）曾說過，只要你刑求數據，它終會認罪，不管你給它安的罪名是什麼。，騙子早已內化這句至理名言，毫無顧忌地身體力行。就像前例，圖表進一步加深魯夫的種族歧視，在人們的操弄下，一模一樣的數字也可能傳達完全相反的訊息。

讓我們想像一下：我設立一間公司，旗下有30名員工。我向股東提交年度報告時，宣稱自己重視兩性平權，雇用了一樣多的男性與女性員工。不只如此，我還在文件中特別強調，3/5女性員工的薪資高於同職等的男性員工，完全沒有發生女性勞工薪資常低於男性的現象。我有沒有說謊？除非我以表格列出所有數據，不然沒人會知道我說的是真還是假：

**女性員工**

| 職等 | 薪資（美金） | 職等 | 薪資（美金） |
|---|---|---|---|
| 經理 | 150,000 | 一般職員 | 45,000 |
| 經理 | 130,000 | 一般職員 | 42,000 |
| 經理 | 115,000 | 一般職員 | 40,000 |
| 主任 | 76,000 | 一般職員 | 38,000 |
| 主任 | 74,500 | 一般職員 | 36,000 |
| 主任 | 72,000 | 一般職員 | 35,250 |
| 一般職員 | 70,000 | 實習生 | 15,000 |
| | | 實習生 | 15,000 |

▀▀ 賺得比同職等男性員工多的女性

**男性員工**

| 職等 | 薪資（美金） | 職等 | 薪資（美金） |
|---|---|---|---|
| 經理 | 162,000 | 一般職員 | 44,750 |
| 經理 | 138,500 | 一般職員 | 41,000 |
| 經理 | 125,000 | 一般職員 | 39,500 |
| 主任 | 80,000 | 一般職員 | 37,000 |
| 主任 | 76,000 | 一般職員 | 35,500 |
| 主任 | 73,000 | 一般職員 | 35,000 |
| 一般職員 | 68,500 | 實習生 | 14,000 |
| | | 實習生 | 14,000 |

▀▀ 賺得比同職等女性員工多的男性

我說的不全然是謊言，但我也沒有揭露事實全貌。的確，超過一半的女性員工賺得比男性多，但我沒提到平均而言，男性員工賺得依舊比女性多（男性員工的平均薪資是65,583美金，女性則是63,583美金），因為管理職的薪資並不相等。如果我想呈現本公司性別薪資的真實狀況，那麼兩種計算方式都很重要，我不該隱匿兩性的平均薪資。

雖說這是個虛構的例子，但新聞媒體上時常可見到類似的真實案例。2018年2月22日，英國廣播公司（BBC）有則新聞宣稱：「巴克萊銀行（Barclays）的女性員工薪資比男性少43%。根據此銀行向政府提交的性別薪資缺口數據，男女薪資差異可高達43.5%。」 10 這並非謊言。巴克萊銀

行的男女薪資差異的確非常嚴重。然而數據分析師傑佛瑞・謝佛（Jeffrey Shaffer）指出，[11]「高達43.5%的差異」並非事實全貌。我們必須瞧瞧下列的表格，它呈現出一個可能被忽略的面向：

**巴克萊銀行的英國員工**

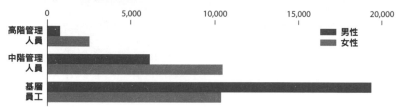

巴克萊銀行的確有兩性不平等的問題，但與其說兩性薪資懸殊，不如說是職位高低造成的結果。根據銀行的報告，職位相同的男女員工薪資其實幾乎一樣。巴克萊銀行真正的問題是，大部分的基層員工都是女性，管理階層卻以男性為主，因此銀行若要解決性別問題，也許必須反省升遷、用人政策。巴克萊銀行執行長傑斯・史塔利（Jes Staley）也說：「雖然巴克萊銀行的女性員工愈來愈多，但大多數都從事比較基層、薪資較低的工作，而資深且高薪的職位則多半由男性占據。」

我們能用各種角度研究數字，做出各式各樣的詮釋。然而，我們這些記者往往不會用更多元化的角度探討一件事，因為我們不是太懶散，就是不懂數字的奧妙，或者被迫得快速量產新聞文章。這就是為什麼讀者看到圖表時必須小心謹慎。就連世上最正直誠實的製圖者也可能會犯錯；儘管我無意說謊，然而本書中提到的錯誤，我幾乎都犯過！

## 樣本選擇的重要性

2016年7月19日，新聞網站「沃克斯」（Vox）發表了一篇文章，標題是〈美國醫療價格水漲船高，已經失控，請看這11張圖佐證〉。[12]

我常在課堂與座談會上重申一項原則：**圖表本身很少證明任何一件**

事。我們提出論點或進行討論時，圖表是強而有力、說服力十足的工具，但要是沒有背景脈絡，它們本身可說毫無價值可言。下面是沃克斯網站列出的其中一張圖表：

**白內障手術費用（美金）**

$3,530　美國
$2,114　瑞士
$1,719　西班牙
$3,145　英國

這篇文章，就是那種會讓我生出衝動，立刻在社群媒體上轉發分享的文章，因為它證明了我早就相信的事。在我的家鄉西班牙，政府跟大部分的西歐國家一樣會補助大部分的醫療費用，全民以繳稅方式分攤。當然在我眼中，美國醫療費用確實「失控」了——我自己就是苦主啊！

　　然而，美國醫療費用究竟有多誇張呢？沃克斯提供的圖表讓我心裡的警鈴大響，因為文章並沒有提到是否有依購買力平價（purchasing power parity）調整各國醫療費用，計入各地生活成本和通貨膨脹的差異。購買力平價計算在不同國家購買一樣數量的相同產品時，要付多少價值的貨幣。我曾旅居許多不同的地方，可以向讀者保證，在某些國家1,000美金是筆鉅款，在其他國家則不是多大的數目。

　　我想起購買力平價的另一個原因是，我有不少西班牙親戚從事醫療工作：我父親在退休前是名醫生，我的叔叔也是，而我的姑姑則是護理師；我母親曾在一間大型醫院擔任護士長；我爺爺也是名護理師。我很清楚他們賺多少薪水。如果他們搬到美國，從事同樣的工作，會拿到西班牙2倍以上的薪資，而沃克斯提供的某些圖表中，美國的醫療費用也差不多是西班牙的2倍。

　　我很好奇這些資料來自何處，也想知道各國醫療費用是否有依購買力平價調整，這樣才值得比較。我開始上網搜尋相關資料。沃克斯在文章中提到資料來自一份由國際健康保險聯盟（International Federation of Health Plans，簡稱IFHP，網址：http://www.ifhp.com）發表的報告。此聯盟的總部設在倫敦，成員是來自25國的70間健康組織和保險公司。[13]

　　報告的概述解釋了他們如何估計不同國家，數項醫療保健措施和藥物的平均價格。而開頭的第一句話就說：「各國價格根據聯盟成員提交的醫療保險方案決定。」

　　也就是說，這項報告並沒有調查每個國家**所有**醫療保險公司提出的價格，再加以平均，只納入現有樣本中的幾個國家和幾間公司。這並沒有違背基本原則。不管我們要研究哪一個主題——比方來說，美國公民的平均體重——都不大可能真的測量每一個個體。**隨機選擇**一個大樣本，再算出平均值，才是比較實際的作法。此例適宜的作法是在每個國家隨機選擇幾個健康保險公司，組成小規模樣本。重點是，每一家保險公司被選中的機率必須相等。

　　如果調查人員落實隨機採樣，[14]那麼依此得出的平均值應會相當接近母體的平均值。統計學家會說，落實隨機選擇的樣本具備母體「代表性」。樣本的平均值不會完全等同母體平均值，但兩者會很接近。這就是為什麼統計估計值同時會指出不確定性，比如人人都聽過的「誤差邊際」（margin of error）。

　　但是此聯盟的樣本並不是隨機樣本，而是**自選樣本**。保險公司選擇加入國際健保聯盟，而聯盟將各成員提交的醫療費用加以平均，得到一國的價格。自選樣本的風險很大，因為我們無法評估由此計算出來的數值，是否真能反映他們所代表的母體。

　　有種自選樣本聲名遠播，相信讀者都非常熟悉，那就是網站與社群媒體的民意調查。想像一下左派雜誌《國家》（*The Nation*）在社群媒體上，調查民眾是否支持共和黨總統的所作所為，結果恐怕會有高達95%的

人表示不支持，只有5%的人支持。這一點也不令人意外，畢竟《國家》雜誌的讀者群多半是進步派和自由派人士。要是福斯新聞進行同樣的民意調查，結果會剛好相反。

　　回到國際健保聯盟的報告。更糟的還在後頭，我們在概述中還看到下面這段話：「美國醫療服務及藥物的費用，由超過3億7,000萬件醫療給付案及超過1億7,000萬件藥局給付案，決定醫療組織協商和實際給付的金額。然而其他國家的價格⋯⋯來自私部門。每個國家各有1家私人保險公司提供資料。」

　　這問題大了。各國只有1家私人保險公司提供資料，然而他們的健保計畫是否真能代表一國**所有的**健保計畫呢？我們不知道。此樣本中，一家西班牙健保公司提出的白內障手術費用，也許真的是全國白內障手術價格的平均值，但也可能更昂貴或便宜些。重點是我們根本無從得知！國際健保聯盟也不知道，他們在概述的最後一行公開承認這一點：「一項健保計畫列出的醫療服務與藥物費用，可能無法代表市場其他健保計畫給付的價格。」

　　沒錯，正是如此。這句話其實在暗示：「如果你要引用我們的數據，請警告你的讀者，此數據有其限制！」

　　為什麼沃克斯沒有在報導中提到這些數據的諸多缺陷，提醒讀者秉持保留態度——或者不如說，讓讀者明白這些數字根本不可信！我不知道為何沃克斯沒有警告讀者，但不妨大膽猜測一下，畢竟我自己也做過或寫過許多有瑕疵的圖表和文章：絕大多數的記者用意良善，但我們非常忙碌，時間有限，而且就我個人的經驗來說，我們還很粗心大意。儘管這難以啟齒，但坦白說，我們的確常常搞砸。

　　我不認為大家必須懷疑所有的新聞媒體，我會在本章結尾解釋這件事。但從以上實例看來，我們必須保持警覺，注意資訊來源，隨時運用常識，謹記正確推理的原則，比如美國天文學家卡爾・薩根（Carl Sagan）的那句名言：「非比尋常的宣言仰賴非比尋常的證據。」

## 檢視原始數據和相應推論

下面這句話就是非比尋常的宣言：親民主黨的州所觀賞的色情影片數量，遠比親共和黨的州要多。不過根據廣受歡迎的色情網站Pornhub提供的數據，堪薩斯州是個例外。₁₅平均而言，暱稱松鴉鷹人（Jayhawkers）的堪薩斯州居民觀看的色情影片數量，遠遠超過其他州：

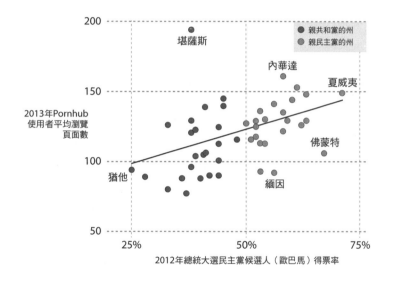

啊，堪薩斯呀堪薩斯！你們還真好色呀！你們看的色情影片（一年每人平均瀏覽194頁），遠遠超過那些不虔誠的東北自由派人士哩！瞧瞧緬因州是92頁，而佛蒙特是106頁。

其實堪薩斯人並不是真那麼好色。容我向大家解釋一下。首先，請讀者看看右頁上方的美國本土地圖，瞧瞧地理中心點位在哪一州。

記者克里斯多福・英格拉漢（Christopher Ingraham）在他的個人政經部落格WonkViz發表了一張圖表，我依此繪製上面的散布圖。許多新聞媒體引用了英格拉漢的散布圖和他使用的Pornhub數據，結果這些新聞媒體後來都得發表更正啟事。

原始數據和相應的推論都出了差錯。首先，我們無法確認Pornhub的

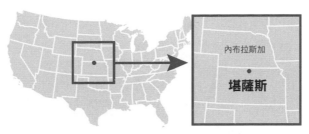

●美國本土地理中心點

網頁瀏覽數，是否真實反映了全體州民的色情影片觀看量，也許不同州的人會上不同網站或尋求其他管道。不只如此，堪薩斯州每名訪客的平均觀賞量如此之高，其實源自原始資料庫的一個小缺失。除非你使用「虛擬私有網路」（virtual private network，簡稱VPN）之類的工具，不然網站擁有者和搜尋引擎都能藉由你的網際網路協定位址（internet protocol address），確認你的所在位置。網路位址是一種特別的數位識別符碼，只要你連上網路就會得到一組位址。比方來說，如果我從佛羅里達自家連上Pornhub的網頁，網站人員就會知道我約略的位置。

　　然而，要是我使用虛擬私有網路，我的網路流量就會重設到另一個地方去。此刻，我的虛擬私有網路伺服器位在加州的聖克拉拉，但我本人則舒舒服服地待在佛羅里達州自家後院。如果我的網路資料出現在Pornhub資料庫中，那麼我會被歸在「加州聖克拉拉」。不過，他們可能會察覺到我使用虛擬私有網路，因而把我歸入「未知地區」。然而，實情卻不是如此。當Pornhub無法確認我的實際位置，他們不會移除我的資料，而是自動把我歸到美國本土中心點，於是我成了一名堪薩斯州民。

　　英格拉漢指出散布圖的錯誤資訊：「堪薩斯的數據特別突出，很可能是地理位置系統造成的人為後果。當美國站的伺服器無法確定訪客的實際位置，就會把這些訪客定到一國的中心位置，而在此例中，美國本土的中心點位在堪薩斯州。這就是為什麼其他美國人匿名上Pornhub網站時，堪薩斯人無辜受害（或受益？）。」 14

　　如果記者和新聞機構都像英格拉漢一樣大方承認失誤，發表更正聲明，就代表他們值得信賴。

　　我們還能透過別的徵兆，判定一名記者或新聞媒體值不值得信賴，那就是注意記者有沒有從各種不同的角度探討數據的意義，並向不同資料來源求證。出於好奇心，我隨興翻找一下觀賞色情影片的模式和政治傾向關係的學術文獻（的確有人做過相關研究），發現《經濟展望期刊》（*Journal of Economic Perspectives*）刊登了一篇以〈紅燈州：誰購買線上成人娛樂？〉為題的論文，作者是哈佛大學商業管理學教授班傑明·艾德曼（Benjamin Edelman）。[16]

　　若說Pornhub的資料顯示，政治傾向相對開放的州，其居民在2012年觀看了比較多的色情影片，那麼這篇文章揭露的模式則剛好相反：支持共和黨的紅色州觀賞的成人娛樂節目比灰色州更多。我根據艾德曼的資料快速畫了個圖表，請看下圖（注意，艾德曼並沒有提供每個州的數據，而且變項的負相關相當微弱）：

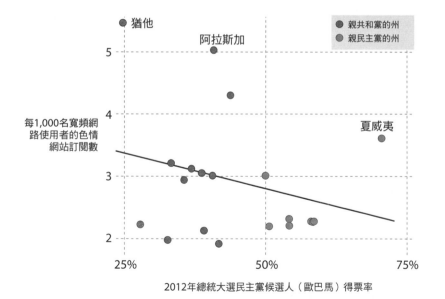

本例的離群值是猶他州、阿拉斯加州和夏威夷州。我們比較這張圖和

前一張圖時，關鍵是注意兩者縱軸的標示不同：英格拉漢的圖表中，縱軸是每名訪客瀏覽的Pornhub頁面數；這裡則是每1,000名寬頻網路使用者，訂閱了多少的色情網站。

　　正確判讀圖表的首要步驟，就是確認資料的計量標的為何，這足以扭轉一個圖表所要傳達的訊息。比方來說，我不能**單從這張圖**判斷，阿拉斯加、猶他或夏威夷的州民，是不是比其他州看更多的色情影片；也許他們觀賞的色情影片數量較少，只是他們比較願意使用付費色情網站，沒有選擇Pornhub之類的免費增值網站。不只如此，我們會在第六章學到，如果一張圖表呈現的是以州為單位的數據，那麼我們不能單憑圖表就宣稱住在某州的每個人都看比較多或比較少的色情影片。

## 分辨資料來源優劣的訣竅

　　做個謹慎的圖表讀者，也就是說，你得當個有判斷力的資料接收者，還必須懂得辨認什麼樣的資料來源值得信任。這兩個目標都超越本書的範疇，但我可以在此提供幾個訣竅。

　　有些書教育讀者如何評估媒體呈現的數字。我個人推薦查爾斯·惠倫（Charles Wheelan）的《聰明學統計的13又1/2堂課》（*Naked Statistics*），班·高達可（Ben Goldacre）的《小心壞科學》（*Bad Science*），喬丹·艾倫伯格（Jordan Ellenberg）的《數學教你不犯錯》（*How Not to Be Wrong*）。光是這幾本書，就能讓你從容應付每天遇到的各種統計數據，避免犯下最常見的幾種錯誤。這些書很少提到圖表，但我們能從中學得一些基礎的數據推理技巧。

　　要當個優秀的媒體閱聽者，我推薦波因特學院（Poynter Institute）創建的「事實求證日」網站（Fact-Checking Day，網址：https://factcheckingday.com）。波因特學院是非營利的教育組織，創建理念是推廣資訊素養和新聞專業。網站上列出一系列的注意事項，幫助我們判斷一張

圖表、一篇新聞報導、一本刊物，或一整個網站的可信度。

如今，只要你是網路使用者，那麼你就是一名資訊發表人，這是個過去只專屬於記者、新聞組織和其他媒體機構的角色。你必須像專業媒體一樣，審視自己發言的可信度。

有些人的受眾只有一小群人（家人親友），其他人則有許多人追蹤。拿我自己的推特帳號來說，追蹤我的人包括同事、點頭之交，還有我完全不相識的陌生人。不管我們有多少的追蹤者，我們傳送的訊息都可能傳到成千上百，甚至上百萬人眼前。因此，我們身上背負了前所未有的責任。我們必須停止愚昧地隨意分享圖表和新聞。我們都必須擔起公民的責任，避免傳送會誤導他人的圖表和文章。我們必須一同攜手建造更健全的資訊環境。

## 散播資訊的原則

讓我分享一下個人散播資訊的原則，讀者亦可以此為依據，列出專屬於你的準則。我消化資訊的過程如下：看到一張圖表時，先仔細讀過一遍，並瞧瞧發表人是誰。如果我有時間，我會造訪提供原始資料的網站，就像我看到歐洲重金屬樂團分布圖和沃克斯的各國健保價格比較圖時做的一樣。先花幾分鐘查證，再分享圖表。這並不足以全面防止自己散播有問題的資訊，有時我也會疏忽，但至少會大幅減低出錯機率。

如果我懷疑某幅圖表或某篇文章的數據，我就不會轉發。我會請教值得信任、對相關主題了解更深入的人。比方來說，我有幾位朋友已取得數據、資料相關領域的博士學位，而我請他們看過本書所有圖表後才付印成書。如果我無力評估自己的圖表可信度夠不夠，那我就向專家請教，讓他們幫我一把。你不用為此跟書呆子做朋友，只要請教你家小孩的數學或科學老師就行了。

看到一張錯誤或有問題的圖表時，如果我知道問題何在或者改善方

法，那麼我會在社群媒體或個人網站上發表它，附上注解說明。這樣一來我便能吸引原作者的注意，可以向對方直接提出有建設性的意見；除非我確定對方用意不善，那就另當別論。我們都會犯錯，重點是向彼此學習，一起進步。

## 如何判斷資料來源值不值得信任？

期待每個人一看到圖表就去確認原始資料很不切實際。我們常常沒有時間確認，也可能不知道如何確認。我們必須仰賴對彼此的信任。那麼我們該如何判斷一個資料來源值不值得信任呢？

我在下面列出專屬我個人的經驗法則，它們來自我過往的經歷，以及我對新聞業、科學和人腦弱點的了解。我沒有特意排列順序。

- 如果你不清楚資料來源的可信度，就不要分享依此設計的任何圖表，隨時保持懷疑態度。當你可以確認圖表的正確度或資料來源的可信度，或以上兩者後，再與他人分享。
- 如果圖表製作者或發文者沒有提到數據的資料來源，或者沒有附上相關連結，請勿相信。資訊透明度是測試一篇文章或一幅圖表合不合宜的標準之一。
- 確保自己吸收各式各樣的媒體資訊，保持多元性。這不只適用於圖表。不管你的意識形態為何，你都該同時向右派、中庸、左派人士和刊物吸收資訊。
- 接觸那些與你立場不同的資料來源，同時相信他們用意良善。我認為絕大多數的人無意說謊，並非刻意誤導民眾，而且所有人都痛恨被騙。
- 當你看到一張設計拙劣或內容錯誤的圖表，不要立刻懷疑對方其心可議。更有可能的是，他們懶惰、無知，或者在倉促之間製作圖表。

- 不用我贅言，大家也知道信賴有其界限。要是你發現特定資訊來源常有誤導群眾的情形，那就把它從你的清單中刪除。

- 會承認錯誤、發表更正公告的媒體，才值得你追蹤。當媒體犯錯時，他們必須公開更正錯誤。願意承認錯誤並修正的媒體，代表他們遵從高標準的公民與專業準則。俗話說得好：人非聖賢，孰能無過；知過能改，善莫大焉。如果你日常關注的資訊來源，犯錯後往往沒有公開更正，那就別再理會它們。

- 有些人深信所有記者都會受到個人利益所圍。就某部分而言，這是因為許多人誤以為那些在電視或電台上夸夸其談的專家或權威就是新聞業的代表。雖然其中有些人真是記者，但大部分都不是；他們不是表演家，就是公關專家，或者為特定黨派服務的人士。

- 所有記者都有自己的政治觀點。誰沒有呢？但大部分的記者都會自我克制，盡量公正地描述現實。正如水門案的知名記者卡爾・伯恩斯坦（Carl Bernstein）常說的，關於真實，記者總是盡一己之力傳達「他們所知最完整的版本」。[17]

- 「他們所知最完整的版本」也許不完全是真相本身，然而優秀的新聞業，有點像優秀的科學。科學無法發掘真相。科學擅長的是提供關於真相的可能解釋，並根據現有證據一再修正改進。如果證據改變或有新證據浮現，那麼不管是新聞業或科學都會提出不一樣的解釋。如果有人承認過去的見解來自不完整或有問題的數據，但仍不願修正觀點，堅持己見，那麼你就要提高警戒。

- 如果資料來源效忠特定政黨或派系，避開他們。他們提供的不是資料，而是污染。

- 某些資料來源雖然立場偏向某一派系，但仍值得信賴。一整個意識形態光譜上，都有立場不同但值得信賴的資料來源。分辨可信的資料來源和立場極端的人士並非易事。讀者必須花時間和心力觀察，才能去蕪存菁，但我可以提供各位一個有用線索，讀者不妨由此開始：注意

資料來源發布消息時的口吻。他們是否一開口就充滿意識形態，言過其實，或者用詞充滿攻擊性？若答案為是，那麼別再關注他們的消息，即使把他們當作茶餘飯後的笑談也是不智之舉。

- 與你立場近似但過度激烈的資訊來源就像糖果一樣：偶爾吃幾顆無傷大雅，還能帶來樂趣。但太常吃糖會引發健康問題。滋養你的心智，鍛鍊它、挑戰它，而不是溺愛它。不然的話，你的心智就會萎縮。

- 當你與某個刊物的立場十分接近，你就必須努力強迫自己，對它所提供的文章資料保持懷疑態度。身為人類，我們習於從那些呼應自身信念的圖表與文章中獲得慰藉；當我們看到不同立場的圖表文章，也會自然而然地抨擊它。

- 專業很重要，但專業的領域為何也很重要。如果我們現在討論的是一張與移民有關的圖表，那麼不管你是個門外漢，還是機械工程師、物理或哲學博士，你們的觀點都一樣重要，但你們的看法恐怕比不上統計學家、社會科學家或專業移民律師精確。保持謙卑的態度，吸收各行各業的內行見解。

- 懷疑本是健康的事，然而當貶低專家成為新潮流，很容易進一步極端化，演變成虛無主義，特別是當你基於某些情感或意識形態，特別討厭某些專家的發言時。[18]

- 當一張圖表指出我們不想面對的真實，我們很容易大肆批評。最困難的是平心靜氣地檢視圖表，相信製圖者用心良善，冷靜評估圖表本身呈現的資訊是否正確。即使你不喜歡圖表設計者或他們的意識形態，也不要倉促掉入妄加批評的陷阱。

最後，謹記圖表會說謊的原因之一，是人類善於欺騙自己。這是本書的一項核心教訓，我會在結論進一步說明。

注釋：

1.　瑪瑞安製作的歐洲金屬樂團分布圖請見：“Number of Metal Bands Per Capita in Europe,” Jakub Marian's Language Learning, Science & Art, accessed January 27, 2019, https:// jakubmarian.com/number-of-metal-bands-per-capita-in-europe/. 若想檢視本圖的資料來源，可上金屬殿堂百科網站：https://www.metal-archives.com/.

2.　Ray Sanchez and Ed Payne, “Charleston Church Shooting: Who Is Dylann Roof?” CNN, December 16, 2016, https://www.cnn.com/2015/06/19/us/charleston-church-shooting-suspect/index.html.

3.　Avalon Zoppo, “Charleston Shooter Dylann Roof Moved to Death Row in Terre Haute Federal Prison,” NBC News, April 22, 2017, https://www.nbcnews.com/storyline/charleston-church-shooting/charleston-shooter-dylann-roof-moved-death-row-terre -haute-federal-n749671.

4.　Rebecca Hersher, “What Happened When Dylann Roof Asked Google for Information about Race?” NPR, January 10, 2017, https://www.npr.org/sections/thetwo-way/2017/01/10/508363607/what-happened-when-dylann-roof-asked-google-for-information-about-race.

5.　Jared Taylor, “DOJ: 85% of Violence Involving a Black and a White Is Black on White,” Conservative Headlines, July 2015, http://conservative-headlines.com/2015/07/doj-85-of-violence-involving-a-black-and-a-white-is-black-on-white/.

6.　Heather Mac Donald, “The Shameful Liberal Exploitation of the Charleston Massacre,” *National Review*, July 1, 2015, https://www.nationalreview.com/2015/07/charleston-shooting-obama-race-crime/.

7.　“2013 Hate Crime Statistics,” Federal Bureau of Investigation, accessed January 27, 2019, https://ucr.fbi.gov/hate-crime/2013/topic-pages/incidents-and-offenses/incidentsandoffenses_final.

8.　David A. Schum, *The Evidential Foundations of Probabilistic Reasoning* (Evanston, IL: Northwestern University Press, 2001).

9.　原句為：「If you torture the data enough, nature will always confess.」

10.　“Women Earn up to 43% Less at Barclays,” BBC News, February 22, 2018, http:// www.bbc.com/news/business-43156286.

11.　Jeffrey A. Shaffer, “Critical Thinking in Data Analysis: The Barclays Gender Pay Gap,” Data Plus Science, February 23, 2018, http://dataplusscience.com/GenderPayGap.html.

12.　Sarah Cliff and Soo Oh, “America's Health Care Prices Are Out of Control. These 11 Charts Prove It,” Vox, May 10, 2018, https://www.vox.com/a/health-prices.

13.　你可在國際健康保險聯盟的網站（http://www.ifhp.com）上找到報告書，2015年的報告可見：https://fortunedotcom.files.wordpress.com/2018/04/66c7d-2015comparativepricereport09-09-16.pdf.

14.　若想進一步了解不同的隨機樣本，可以參考簡短的線上介紹：“Sampling,” Yale University, accessed January 27, 2019, http://www.stat.yale.edu/Courses/1997-98/101/sample.htm.

15.　這張圖來自英格拉漢，“Kansas Is the Nation's Porn Capital, according to Pornhub,” *WonkViz* (blog), accessed January 27, 2019, http://wonkviz.tumblr.com/post/82488570278/kansas-is-the-nations-porn-capital-according-to. 他使用Pornhub的數據，並結合BuzzFeed的一篇文章：Ryan Broderick, “Who Watches More Porn: Republicans or Democrats?” BuzzFeed News, April 11, 2014, https://www.buzzfeednews.com/article/ryanhatesthis/who-watches-more-porn-republicans-or-democrats.

16.　Benjamin Edelman, “Red Light States: Who Buys Online Adult Entertainment?” *Journal of*

*Economic Perspectives* 23, no. 1 (2009): 209–220, http://people.hbs.edu/bedelman/papers/redlightstates.pdf.

17. Eric Black, "Carl Bernstein Makes the Case for 'the Best Obtainable Version of the Truth,'" *Minneapolis Post*, April 17, 2015, https://www.minnpost.com/eric-black -ink/2015/04/carl-bernstein-makes-case-best-obtainable-version-truth.

18. 請見湯姆．尼克斯（Tom Nichols）所著的《專業之死：為何反知識會成為社會主流，我們又該如何應對由此而生的危機？》（*The Death of Expertise: The Campaign against Established Knowledge and Why It Matters*，繁體中文版於2018年7月由臉譜出版）。

第四章

# 因資料不完整而說謊的圖表

那些販售垃圾圖表的奸商只挑選對自己最有利的資料呈現在世人眼前，因為他們深知這是最有效的一種矇騙手段。他們根據想要傳達的論點，精挑細選最完美的數據，刪去所有與論點相左的部分，創造出符合一己私心的好看圖表。

但他們也可能採取完全相反的策略，達到異曲同工的效果。何必刻意篩選，呈現一小部分的利己資料？

不如反其道而行，把過量數據塞進圖表中，讓閱聽者不堪負荷而頭昏腦脹，輕輕鬆鬆就被說服。

如果你希望人們別注意某一棵樹，那就讓它隱身於同類之中，轉而向人們展示一整片森林。

## 服膺特定政治觀點的扭曲圖表與文字

2017年12月18日，白宮在推特發表的一張圖表，打亂了我的一天。我個人的核心守則之一是，若眼前有個非常棘手的議題，而你真心想開創坦誠理性的討論環境，就得在發表意見時使用真確的證據。可惜的是，白宮發表的那張圖並不符合上述規則。請見下頁圖。

我很好奇這張圖表的來源，點進了連結，看到一系列反親屬移民的圖表，這只是其中一張。有些圖表指出，美國過去10年的新移民中，高達70%是親屬移民（family-based migration），也就是說人們把外國親屬接到美國，造就了多達930萬的移民。[1]

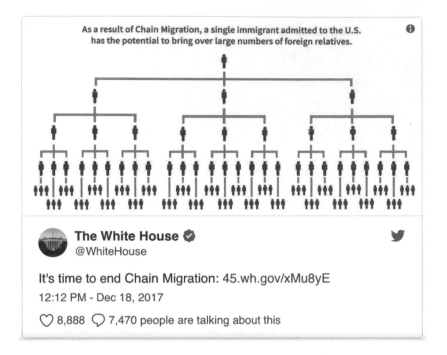

注：白宮表示：「終止連鎖移民（Chain migration）的時刻到了。」圖表上方的文字指
出：「連鎖移民讓每一名抵達美國的新移民得以帶進一大群外國親屬。」

　　關於親屬移民，我並不強烈支持，但也不特別反對。正反雙方都提出
了很有道理的論點。

　　一方面，允許移民擔保一等親以外的家人符合人道宗旨，這不只帶來
精神方面的助益，同時也對整體社會有利，廣大且強健的家庭網絡提供保
護功能，促進安全和穩定性。

　　但就另一方面而言，鼓勵積分制、廣納高技術人士，同時限縮其他的
移民種類，也不啻是個好主意。

　　但我強烈反對政治宣傳，痛恨會誤導民眾的圖表。首先，我已經在前
一章提過，我們必須注意發言者字裡行間的語氣。「連鎖移民」是過去常
用的詞彙，但「親屬移民」遠比前者中性客觀得多。

　　白宮如何形容那些移居美國的人？「過去10年間，美國基於親屬關係

而接納並重新安置（resettled）的移民，就多達930萬人。」

　　重新安置？我本人就是美國的新移民。我在西班牙出生，而我的妻子與孩子則在巴西出生。我們並不是「被美國重新安置」。我們只是**搬到**美國。如果有天我們要擔保親戚，他們也不會是接受美國「重新安置」，而是出於自願移居美國。

　　白宮為什麼使用這些字眼呢？他們想在你看到數據之前，搶先扭曲你的觀點。這個技巧有可靠的科學根據。人類往往會受到當下情緒左右，先做出價值判斷，再隨意拿任何一項找得到的證據，支持我們先入為主的看法。我們並不會理性評估現有資料再下判斷。

　　心理學家麥可・薛默（Michael Shermer）在著作《輕信的腦》（*The Believing Brain*）中提到，對人類來說建立信念很容易，要改變它們才是難如登天。₂只要用上義憤填膺的字眼，我就能偷偷激發閱聽者的情緒反應，讓他們產生偏見，扭曲他們對圖表的理解。

　　白宮為了刺激讀者的情緒反應，也精心設計了圖像風格。瞧瞧一名新來者「可能」繁殖出**多少**新移民！他們看起來就像細菌、害蟲或蟑螂，每一代都增加3倍人數。這種比喻隱藏著黑暗的歷史傳統。白宮的推特圖表，看起來很像種族歧視者或人種優生學支持者熱愛的圖表，如次頁圖。瞧瞧1930年代，德國人也用類似圖像指出，要是放任「低劣」種族任意繁殖，會造成多可怕的「危險」。

　　圖表可能因為使用錯誤資料而說謊。然而，圖表也會假裝提供真知灼見，卻根本沒有使用任何數據資料，只是謊話連篇。這張白宮圖表就是一個例子。

　　這個最終會把數十名親屬都帶來美國的移民究竟是誰？我們不知道。他是否足以代表所有移民？當然不可能。怎麼說呢？我本身就是移民，說說我的故事吧。2012年，我持發給特殊技能人士的H-1B簽證抵達美國。我擔保了我的妻子和兩個孩子。接著我取得綠卡，成為永久居民。你可以把我當作白宮圖表中位居頂端的那個人，而我的妻兒三人就是第二層。

注：圖片標題為：「劣等人不斷繁殖的後果。」左邊的家庭，每一代都是1對已婚夫妻生2個小孩，然而右邊的家庭，被標上「劣等人的每一代人口都以倍數增加」的說明文字，指出一開始是1對已婚夫妻生4個小孩，30年後變成2對已婚夫妻生8個小孩，60年後變成4對已婚夫妻生16個小孩。下方則說明此圖未計入死產或不孕等數據。

　　看起來我的例子完全符合那張圖：我在頂端，下面有三名親屬。就這個階段而言，這張圖沒有問題，然而白宮卻忘了指出，美國每年基於親屬關係所發出的簽證，絕大多數都是像我這樣的例子，一對伴侶和他們的未婚子女。我相信就連最激烈的反移民人士，也不認為政府必須刪除涵蓋伴侶與子女的移民法案。不過，說不定我錯了。

　　那麼圖的下半部呢？第二層的移民，是否每人又帶了3名親屬到美國？事情可沒那麼單純。如果我的妻子想讓她的母親和兄弟姊妹搬到美國來，她既不能以**直系一等親**的方式擔保他們，也不能擔保像是叔伯姨嬸或堂表親等旁系親屬。不只如此，我的妻子必須先成為美國公民，才能符合某些簽證種類的擔保資格，也就是說，到時候她的身分已不再是名「移民」。[3]

　　美國每年核發的依親簽證控制在48萬件。根據全國移民論壇

（National Immigration Forum），直系一等親的親屬簽證沒有人數限制，但也包括在這48萬的件數中，因此真正發給非直系一等親的簽證數量非常低。也就是說，新移民不可能隨便帶親屬移居美國，如果你想擔保小家庭以外的親人，可能要耗費好幾年才辦得到，因為發給各國的移民簽證也有數量限制。

## 製圖誤區：沒有提供適宜的資訊量

與政治相關的主題，通常會出現最厲害或最惡劣（端看你的想法而定）的錯誤圖表和數據。比方來說，2017年9月，布萊巴特新聞網的頭條宣稱：「2,139名得到DACA許可的人，犯下或被控犯下傷害美國人的罪行。」[4]

DACA是《童年入境者暫緩遣返法》（Deferred Action for Childhood Arrivals）的縮寫。歐巴馬總統在2012年宣布這項政策，保護童年時被他人以非法手段帶進美國的移民，讓他們免於被遣返，能夠合法工作，進而取得移民身分。許多人抨擊這個政策，說它是行政部門一意孤行的政策，應該先送交國會討論後再決定是否施行。某些我認為頗為理性的人士也宣稱它違憲，[5]而川普上任後，在2017年9月終止這項法案。

不過我們無意在此辯論這項法案合不合理。讓我們回歸正事，瞧瞧漏洞百出的圖表，如何破壞一場本該很有意義的討論。我根據布萊巴特提供的資料設計了一張錯誤圖表，並努力配合那篇文章的尖銳用辭：

2,139 DACA受益者
是傷害美國人的罪犯或
嫌疑犯

那篇新聞的第一段說道：

> 歐巴馬制定的《童年入境者暫緩遣返法》，保護了多達80萬
> 名年輕的非法移民。他們無需經過任何審查就能取得工作許可。
> 如今司法部長傑夫・塞申斯（Jeff Sessions）終於宣布此法案正式
> 終止，但不管如何，其中犯下罪案、加入幫派或有犯案嫌疑的人
> 數居高不下，令人震驚。

這令人震驚的數字是2,139人。這根本不是「居高不下」，應該說它低得令人震驚。根據這篇文章，此法案讓多達80萬人受惠，暫時免於被遣返。如果這是真實數字，那麼因為非作歹或加入幫派而被起訴，失去DACA資格的人，其實只占了非常小的一部分。

我們只要簡單計算一下就會明白。2,139除以分母800,000，結果約莫是0.003。把這個數字乘以100，就會得到百分比：0.3%。如果乘以1,000而不是100，那麼我們得到的比例是：每1,000名DACA受益者中，只有3人因為非作歹而失去資格（如次頁左圖）。

進一步比較其他資料，更能看出這個數字有多麼低，而這才是我們該做的事。沒有背景脈絡的單一數據毫無意義可言。我們可以將DACA受益者的犯罪率，與全美犯罪率比較一下。2016年有份研究估計，在2010年，「美國達投票年齡的人口中，6.4%曾是重罪犯」。[6]也就是說，每1,000人中有64人曾犯下重罪（如次頁右圖）。

布萊巴特新聞網的圖表簡化了事實，我的版本雖然提供了更完整的資訊，但仍不夠完善，還有幾個缺陷。第一，6.4%只是其中一個由學者計算出來的估計值，但我沒有找到比6.4%更低的數值。第二，這是美國所有滿投票年齡的人口數據，橫跨了數個年齡層。為了進行更準確的比較，我們其實應該計算30歲左右人口的犯罪率，因為DACA受益者的年齡多半是30歲或以下。

**每1,000名
DACA受益者中…**

**3** 人因「犯下一次重大刑事案件、一次情節嚴重的輕罪、連犯多次輕罪，或加入幫派，或因任何危害大眾安全的罪行而被逮捕」，失去暫緩遣返的資格。

**每1,000名
滿投票年齡的美國居民中…**

**64** 人曾在 2010年前犯過重罪。此數字不包含輕罪罪犯。

（資料來源：Shannon, Sarah K.S., et. al. "The growth, scope, and spatial distribution of people with felony records in the United States, 1948 to 2010." Demography 54(5)(2017): 1795-1818）

最後，每1,000名中那3名失去資格的人不一定是重罪犯，有些人只是犯下輕罪或其他不嚴重的罪行，而美國人口罪犯比例的研究只計算重罪犯。那份研究的作者群解釋：

> 重罪的範圍非常廣泛，涵蓋了持有大麻到謀殺案等種種罪行。歷史上，重罪一字用來指涉「惡劣」或「重大罪行」，與其他情節較不嚴重的不法行為做區別。在美國，重罪犯通常會被判處1年以上的有期徒刑，不法行為的罰責較輕，包括短期拘役、繳交罰金，或兩者併行。

如果只計算DACA受益者中，因犯下重罪而被迫出境的人數，也許比例會更低。然而除非有更多研究數據可供比對，不然我們無法確定。

我依照布萊巴特新聞網的數據所畫的第一張圖，就是圖表沒有提供適宜的資訊量而說謊的例子，此例是資訊不足。同時它也隸屬另一個分類：刻意挑選數據的形式，只為達成特定目的的圖表。比如此例本該顯示「比例」，卻只顯示「個案數」；或者該顯示個案數的時候，卻只顯示比例。

## 簡化與複雜間的取捨

　　沒有圖表能夠完美捕捉現實的豐富與複雜。當天平的一端是過度簡化現實，另一端則是納入太多細節以致晦澀難解，如何在兩者間取得平衡，決定了一張圖表的成敗。2017年11月，前白宮發言人保羅・萊恩（Paul Ryan）在社群媒體透過一張圖宣傳《減稅與就業法案》（Tax Cuts and Jobs Act），請見下圖。此法案在當月成功過關。

　　不管讀者對美國2017年稅改法案的看法如何，這張圖無庸置疑過度簡化了事情真相。光是「一般」這個詞就很不可靠。美國有多少家庭符合「一般」家庭的標準？或者接近「一般」？所謂的「一般」家庭真的代表大多數的家庭嗎？如果我對此議題一無所知，我會依此思考萊恩的數字是否值得信任。

　　根據美國人口普查局，在我行筆至此的同時，一個家戶的收入中位數是60,000美金。，（注意：家庭收入〔Family income〕和家戶收入〔household income〕有時會不一樣。家戶以住宅為單位，裡面可能居住了1人以上，但彼此之間不一定有家庭關係。家庭成員則有血緣、婚姻關係，或因收養而有親屬關係。雖說如此，兩者的分布狀態通常非常近似。）

　　假設美國大部分的家戶收入都很接近60,000美金，讓我們想像一下全美的收入分配為何，並依此畫張圖吧：

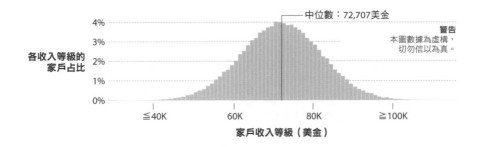

　　這張圖稱作直方圖（histogram），用來呈現頻率與分布情形。此例中，我們用它呈現虛構的（也是錯誤的）美國家戶收入分布。此直方圖中，長柱的高度是每個收入等級的家戶數比例。長柱愈高，代表某一收入等級的家戶愈多，占比愈大。把所有長柱的數值加起來，會等同於100%。

　　這張虛擬圖中，最高的長柱位於中間，很接近中位數，而且絕大多數的家戶收入都介於40,000~80,000美金之間。然而，美國家戶收入實際的分布情況與此大相逕庭，請見下圖：

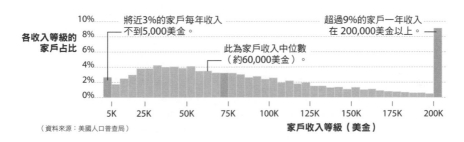

　　美國家戶收入差異非常懸殊，有的一年低於5,000美金，有的上看一年數百萬美金。收入分配太不均，以致上圖無法呈現完整的收入分配，只能把所有富裕人家歸類到「一年收入200,000美金以上」的長柱。如果我們想維持橫軸每個刻度5,000美金的間隔，那我必須用上數十頁才能畫出整個分布圖。

　　因此，宣稱是一般家庭或收入為中位數的家庭，每年會因稅改省下1,182美金，可說是毫無意義的一句話。絕大多數的家戶或家庭省下的錢

都不是這個數字，要不少一些，要不多一些。

　　身為一名納稅人，我當然擔心自己得付高額稅金；但我也熱愛討論公眾議題，十分關心政府如何在預算與基礎建設、國防、教育、健保等投資中取得平衡。我在乎自由，但我也重視公平。因此我會希望議員告訴我，散布在整個收入光譜的各種家庭，分別會因為減稅政策省下多少的稅。在這樣的例子中，我們不能只提中位數或平均值，因為它們過度簡化了事實。我們必須呈現更多資訊。平均而言，收入10,000、100,000，甚至1,000,000美金的人，每年究竟會省下多少稅？

　　美國稅收政策中心（Tax Policy Center）估計2017年《減稅與就業法案》實施後，各收入等級的典型家戶，其稅後收入會增加多少百分比，結果如下圖。[8]

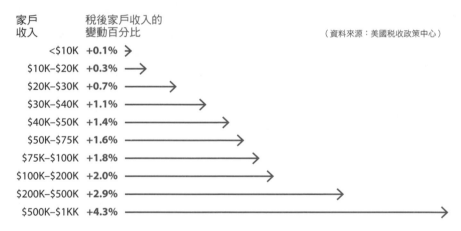

　　如果有戶人家一年賺超過100萬美金，那麼稅改後會增加3.3%的稅後收入，以100萬美金來計算的話就是增加33,000美金。然而一個每年賺70,000美金的中產階級家庭，稅改後的稅後收入只會增加1.6%，也就是1,120美金。這到底公不公平？我認為這值得大家深入討論。不管你支持或反對這項稅改法案，我們都需要更詳盡的資料才能做全面的考量，單單一個平均值或中位數根本不夠。[9]集中趨勢的度量方法並非無用，但它們往往不足以呈現資料集的實際分布和紋理。人們有時會被只有平均值的圖

表欺騙，因為它呈現的資訊實在太過貧乏。

　　不過談到收入之類的議題時，有時圖表也會因為提供過多資訊而欺瞞大眾。想像一下，如果我以散布圖畫出美國每個家戶的所得，那麼讀者只會看見成千成萬密密麻麻的小點。這就是過猶不及。就算不知道那麼完整的細節，我們也能討論同一個議題。家戶所得分布直方圖在過度簡化與過度複雜之間取得良好平衡，實踐這一點的圖表，才是值得我們讀的圖表。

## 名義價值vs.實質價值

　　我熱愛冒險電影。漫威（Marvel）公司製作，瑞安·庫格勒（Ryan Coogler）執導的《黑豹》（*Black Panther*）是一部情節刺激、角色充滿魅力的精采冒險電影。它的票房極佳，某些新聞媒體甚至宣稱它是「美國史上票房紀錄第三高的電影，只有《星際大戰：原力覺醒》（*Star Wars: The Force Awakens*）和《阿凡達》（*Avatar*）超越《黑豹》」。[10]

　　但實情並非如此。《黑豹》的確取得令人驚豔的佳績，實至名歸，但它不太可能是美國史上第三賣座的電影。[11]

　　計算電影票房時，最常見的失誤就是該調整物價時卻沒這麼做。我敢打賭，今天購買同樣物品所付的費用絕對比5年前高。如果你多年來都從事同一份工作，理論上你的薪水會隨年資而增加。這些年來我的薪水的確增加了，但增加的是絕對值（名義價值〔nominal value〕）而不是相對值（實質價值〔real value〕）。雖說每個月入帳的薪水增加了，然而隨著通貨膨脹，**感覺上**薪水並沒有增加多少：我買得起的商品數量，其實和三、四年前差不多。

　　數據分析師和設計師洛迪·札克維奇（Rody Zakovich）[12] 依據電影票務公司網站Fandango的資料，繪製歷年週末票房冠軍比較圖，我參考他的圖表製作了次頁圖表。這種圖表必須面對按物價調整票房的考驗。次頁圖表列出了開映就拿下週末票房冠軍的電影（附帶說明，洛迪很清楚這種圖

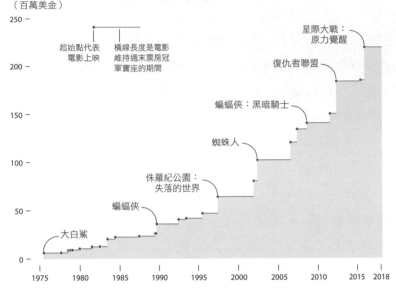

**各年度上映週末票房最賣座的電影**
（百萬美金）

的缺陷）。

　　這張圖只納入一上映就躍登週末票房冠軍的電影，而不是總票房冠軍，因此《黑豹》沒有上榜。讀者想必常在社群媒體上看到許多圖表，宣稱某部新上映的電影打破紀錄，而它們都和這張圖表一樣說了謊。這種圖表多半未依照通貨膨脹調整票房，因此只呈現了名義價值，而不是實質價值。當電影票價從一張5美金變成15美金，那麼只要不調整價格，新電影很容易就能成為「史上最賣座的電影」。這就是為什麼許多電影票房排行榜上，頂端多半由近幾年的電影作品占據，老電影只能敬陪末座。

　　為了糾正這項缺失，我使用美國勞動統計局提供的免費線上工具，把圖中每部電影的票房調整成2018年的美金價值，[13]再依照這份資料重畫一張圖表（右頁圖），結果和上圖有些許差異。首週末票房成績名次沒有太大變動，但老電影的成績比前頁圖表增加不少，請讀者瞧瞧右頁圖表。

　　我在圖中比較調整前的名義價值（紅線），以及調整為2018年美金的票房結果。調整後每個長柱都變高了，但增高比例各不相等。拿2015年上

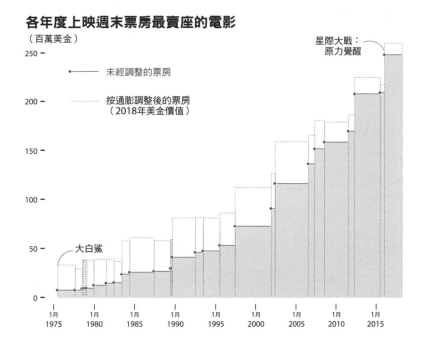

**各年度上映週末票房最賣座的電影**

（百萬美金）

星際大戰：
原力覺醒

── 未經調整的票房

······ 按通膨調整後的票房
（2018年美金價值）

大白鯊

映的《星際大戰：原力覺醒》來說，票房人約增加了5%，而1975年上映的《大白鯊》增加了360%，也就是說，如果《大白鯊》在2018年上映，票房不會是名義價值的700萬美金，而是3,200萬美金。

　　我只是個愛看電影也愛讀新聞的平凡人，並不是電影製作經濟學方面的專家。然而我以研究圖表為業，身兼圖表設計師與教授的我發現討論電影票房時，很少看到有依照物價做調整的圖表或相關文章。過去數十年間，電影業出現了許多重大改變；如果我們不把這些變化納入考量，單單比較《大白鯊》與《星際大戰：原力覺醒》的票房差異，豈不是有失公允？除此之外，票房也會受其他變因影響，比如行銷和促銷方案，每部片上映的戲院數……等等，不是嗎？

　　我無法一一找出這些問題的答案。但我可以利用公開資料，計算每部片開映的第一個週末，所有放映戲院的平均票房，並換算為2018年的美元單位，如次頁圖。

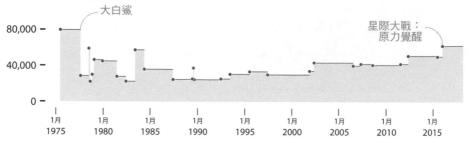

## 上映首週末各放映戲院的平均票房

（2018年美金價值）

（票房數據資料來源：Box Office Mojo）

1975年，《大白鯊》於美國409間戲院同步上映。看到這樣的結果不禁讓我好奇，如果它在2015年上映，而且和《星際大戰：原力覺醒》一樣，有多達4,134間戲院同步放映，那麼票房會是多少？當上映戲院增加10倍之多，《大白鯊》的首週末票房的名義價值是否也會增加10倍，從3,200萬美金增加為3億2,000萬美金？誰知道呢？說不定現代電影院容納的觀眾數，平均而言比1970年代要少，連帶影響了票房。啊！我實在有太多問題想問了！

我們也可以用其他度量單位比較電影成敗，如收益（比較電影的預算與總票房）和投資報酬率（電影收益和預算的比例）。《阿凡達》、《復仇者聯盟》、《星際大戰：原力覺醒》等電影的收益非常豐厚，但它們的製作費和宣傳費也很驚人，風險很大。

有些人估計，現在一部電影的行銷費幾乎與製作成本一樣高。2012年上映的《異星戰場：強卡特戰記》（*John Carter*）原被看好會是賣座電影，迪士尼公司砸了超過3億美金製作和宣傳，然而最後只回收了2/3的成本。[14]

有些電影的風險比較低。根據某些資料，[15] 史上投資報酬率最高的電影是《鬼入鏡》（*Paranormal Activity*），其票房高達2億，但只花了15,000美金製作（未計入行銷成本）。由此看來，《阿凡達》和《鬼入鏡》兩部

電影，哪一部比較成功？這端看我們用來比較的度量單位，以及我們如何權衡一項投資的收益與風險。

　　為此我又畫了一個新的圖表。我列出每部電影的製作成本（不含行銷費用），再計算上映第一個週末各回收了多少成本：

## 一部電影上映首週末回收的成本百分比
（2018年美金價值）

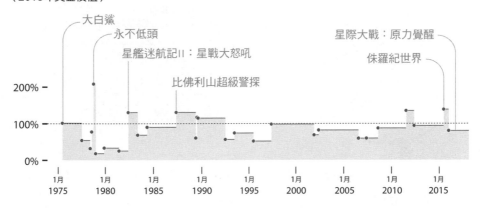

（票房數據資料來源：Box Office Mojo）

　　《大白鯊》在第一個週末就回收了所有的製作成本，有些電影甚至一上映就獲利。最誇張的例子是克林‧伊斯威特（Clint Eastwood）和紅猩猩克萊德（Clyde）攜手演出的《永不低頭》（*Every Which Way but Loose*），第一個週末的票房就足足是成本的2倍。我不禁想起自己小時候的確很喜歡這部電影。

### 製圖誤區：在同一張圖表中比較分母不同的數據

　　設計圖表時，我們該顯示（調整前的）名義價值還是（調整後的）實質價值比較好？不一定。有時實質價值重要得多。當我們比較很長一段時間的電影票房，或任何一種物品的價值、生活成本或薪水時，沒依照通膨調整價格就進行比較，只是毫無意義的行為，就像前面的例子。然而面對

調整後的數值，必須格外注意分母為何，才能真正了解數值的意義，特別是當比較不同群體，各有不同的分母時。

　　想像一下有兩個披薩，我給你2片1號披薩，給另一個人3片2號披薩。我對你是不是比較小氣？這端看我怎麼切割每個披薩：

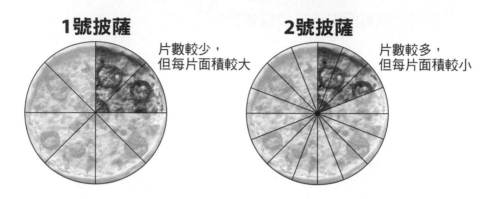

一旦忘了分母就會造成相當嚴重的後果。根據朱迪亞·珀爾（Judea Pearl）在其著作《因果革命：人工智慧的大未來》（*The Book of Why: The New Science of Cause and Effect*，2019年6月由行路出版）所提供的資料，我畫了一張長條圖，如下：

天花疫苗在19世紀受到廣泛使用，全面接種的支持者與反對者爆發激烈論戰，正反雙方都拋出各種數據證明自己的論點，我們可從珀爾假想的數據了解當時的情況。反對者擔心疫苗會在某些孩童身上引起副作用，甚至令他們喪命。

　　乍看之下疫苗的致死率真令人害怕（「死於疫苗的孩童比死於天花的多！」），但你不該單憑上圖決定該不該讓你的孩子接種疫苗。那張圖並

沒有說出事實全貌，我必須呈現更多數據才行，包括兩個死亡人數的分母。下面的流程氣泡圖會讓我們更明智，進行更全面的思考：

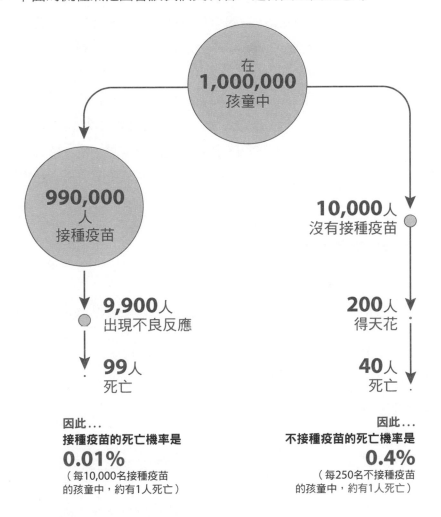

讓我們把圖表內容化為文字敘述吧。假設有100萬名孩童，99%打了疫苗，約莫有1%的孩童可能產生不良反應（也就是100萬人中可能會有9,900人出現副作用）。出現副作用後死亡的機率也是1%（9,900人中可能會有99人喪命）。然而，因注射疫苗而死亡的機率只有0.01%（990,000名接種的孩童中，只會有99人死亡）。

　　要是不打疫苗呢？不打疫苗的孩童有2%的機率得到天花（10,000人中可能會有200人得天花）。得到天花後的死亡機率是20%（200人中可能會有40人喪命）。第一張圖中，看起來死於疫苗的孩童比死於天花的多，那是因為接種疫苗的孩童（990,000人）遠遠超過沒有接種疫苗的孩童（10,000人）。我必須揭露這項事實，不然比較毫無意義。

　　我承認99和44兩個數字看起來，前者比較駭人。但請讀者試著假設一下，如果所有孩童都沒打天花疫苗，會是什麼樣的情景？我們知道2%的孩童會得天花。這代表每100萬名孩童中，會有多達20,000人得到天花。其中20%會死亡，也就是說總共會有4,000名孩童因天花而喪命。請看下面的圖表：

**1800年死於天花的孩童人數**

死於天花及天花疫苗
的孩童　　　　**139**

如果完全不接種疫苗，
可能因天花而死的孩童　**4,000**

警告
此為杜撰的數據

　　這裡的139人，是40名沒有打疫苗而死於天花的孩童，加上99名打了疫苗但因副作用而喪命的孩童。這樣一來，我們才能真實地比較全面接種和不接種的結果。

## 百分比vs.真實數值

　　大多數情況下，名義價值與實質價值基於不同原因各有其重要性，不可光看其一。「100人」（網址：https://www.100people.org/）是個很棒的網站，將各種公共健康指標變成易懂的百分比。根據此網站，世界上每100個人當中，25%是兒童，22%的人過重，60%是亞洲人。我把一個令我精神大振的數據列在右頁上方圖表：

如果地球上只有 **100 個人**　只有1人 會死於飢荒

不過數據分析師艾森・馬朗東尼斯（Athan Mavrantonis）指出，我們也能用不同的方法詮釋同一個數字，如下圖：

哪張圖比較好？答案是沒有哪張圖比較好，兩者都很重要。以相對值而言，陷入飢荒困境的人口比例很低——而且不斷降低中；然而看似很低的1%，實際上代表了**7,400萬人**。這只比整個土耳其或德國的人口少一點，相當於美國人口的1/4。由此看來，第一張圖就變得沒那麼振奮人心了，不是嗎？

近年來，市面上出現許多著作，都以正面態度評價人類的發展進程。比如漢斯・羅斯林的《真確》（*Factfulness*，2018年7月由先覺出版）、史蒂芬・平克（Steven Pinker）的《人性中的良善天使》（*The Better Angels of Our Nature*，2016年10月由遠流出版）及《再啟蒙的年代》（*Enlightenment Now*，2020年1月由商周出版），都提供令人嘆服的各種統計數據和圖表，證實世界的確變得更加美好。**16**

　　這些著作以及提供書中數據的網站，比如「用數據看世界」（Our World in Data，網址：https://ourworldindata.org），都認為人類很快就會在2030年前，實現聯合國在2015年訂立的全球永續發展目標，包括「終止貧窮，打敗不平等，遏止氣候變遷」。下面是兩幅以世界銀行的資料繪製的圖表，我真心認為它們帶來了大好消息：

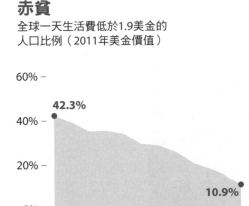

**赤貧**
全球一天生活費低於1.9美金的
人口比例（2011年美金價值）

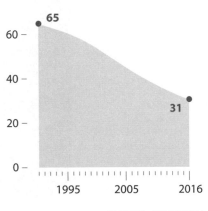

**嬰兒死亡率**
每1,000名新生兒的死亡率

（資料來源：世界銀行資料）

　　1981年，世界上每10人中約有4人一天只靠不到2美金過活，必須在經濟極為拮据的情況下求生；而在2013年，此數值降為每10人只有1人。在1990年，每1,000名新生兒就有65人活不過1歲；到了2017年，此數值降為31人。

　　我們成功降低這兩個數值，的確是值得歡慶的成就。聯合國、聯合國兒童基金會、各國政府相關組織，以及非政府組織的努力顯然成功了，不管他們過去進行了哪些計畫，都必須持續下去。

　　然而，這些圖表和數據也可能讓我們忽略簡潔明瞭的數據背後，隱藏了多麼深沉的苦痛。百分比與比例值讓我們的情感麻痺。10.9%聽起來很少，但當你知道這代表多少人口時，就會明白它一點也不少。2013年全球

人口的10.9%，是將近8億人口，如下圖：

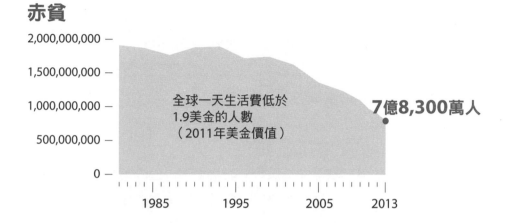

## 赤貧

全球一天生活費低於
1.9美金的人數
（2011年美金價值）

**7億8,300萬人**

　　我認為討論人類發展進程時，光看百分比和比例（比如「全世界人口的10.9%」）可能會讓我們過度自滿，而有些人也跟我有相同看法。《衡量後的風險》（*Calculated Risks*）一書的作者，心理學家捷德・蓋格瑞澤（Gerd Gigerenzer）就說，百分比讓數值過度抽象。我會建議讀者看到百分比時，也瞧瞧原始數字，提醒自己：「10.9%可是7億8,300萬人呀！」

　　我們必須同時列出原始數據與調整後的數據，單看其一並不足夠。把兩者並列，我們才能深刻體會到人類的發展多麼令人吃驚，同時也明白眼前還有多少艱鉅的挑戰。如今還有將近8億人一貧如洗，這幾乎是2016年美國人口的2.5倍！很多人正在受苦，不容我們輕忽。

### 圖表中未揭示的重要基準線或反面數據

　　許多圖表隱藏了重要的基準線或反面數據，因為一旦把它們公開，就會推翻原作者想傳達的訊息。拿維基解密（WikiLeaks）網站創始人朱利安・阿桑奇（Julian Assange）來說吧，2017年他在推特上發了一篇短文，控訴現代化讓先進國家的新生兒人數大幅減少，愈來愈仰賴移民人口：

資本主義＋無神論＋女性主義＝不孕＝移民。

歐洲出生率＝1.6。替代率＝2.1。

梅克爾、梅依、馬克宏、簡提洛尼，全都沒有小孩。[17]

　　阿桑奇列舉的政治領袖包括德國總理梅克爾（Angela Merkel），英國
首相梅依（Theresa May）、法國總統馬克宏（Emmanuel Macron），以及
義大利總理簡提洛尼（Paolo Gentiloni）。

　　阿桑奇以一張囊括歐洲30國數據的表格證明自己的觀點。我根據阿桑
奇提供的數據編製下圖，結果看起來就像原始表格一樣雜亂：

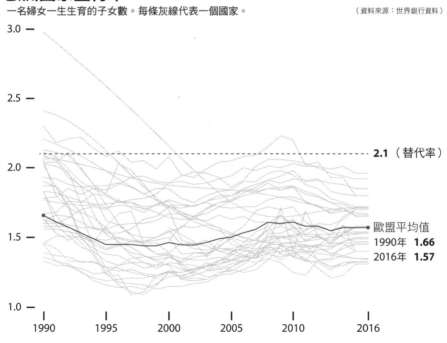

## 歐洲國家生育率
一名婦女一生生育的子女數。每條灰線代表一個國家。　　　　　　　（資料來源：世界銀行資料）

　　阿桑奇犯了數個錯誤。首先，他的推特短文寫的是出生率（birth
rate），但數據呈現的卻是生育率（fertility rate）；這兩者互有關聯，但並

不完全相等。出生率指的卻是一國一年內，每1,000人的新生兒人數。至於生育率，簡單而言是一名婦女一生中生育的子女數。如果一國有一半的婦女生了兩個小孩，另一半婦女則生了3個小孩，那麼此國的生育率會是2.5。

但先讓我們忽略這個錯誤，假設阿桑奇只是一時筆誤，他想說的的確是「生育率」。他以文字和數據宣稱，這幾個政教分離的資本主義國家，生育率非常之低，平均而言一名婦女只有1.6個小孩；同時影射這樣的情況與國家元首有關。理論上，一個國家若要長期穩定發展，生育率至少必須維持在2.1，也就是一名婦女得有2.1個孩子，這個數字也稱為替代率。

阿桑奇的表格，還有我依他的表格數據所製作的圖表都十分精采，它們同時達成兩個完全相反的成就：它們藉由呈現了太少**卻也**太多的資訊來矇騙世人。光是資訊太多就會讓讀者困惑，而不是幫助他們理解。

讓我們先討論左頁下方圖表的資訊為何太多。當表格與圖形列出太多數值，像我編製的左頁下方圖表，太多線條交纏重疊，讀者就無法從數據中找出正確趨勢，也無法看清一國的數值變化——然而其中可能有很多足以推翻原先看法的實例。比方來說，大部分的西北歐國家都政教分離，注重性別平等。這些國家的生育率是否全都急劇下降呢？

讓我們分別為每一條線畫張圖，別讓它們全擠在一起，再瞧瞧結果如何。請見次頁圖。

瞧瞧丹麥或芬蘭。這兩國的線自1990年代開始，走勢就十分平緩，而且非常接近2.1的替代率。現在讓我們看一下宗教信仰虔誠的國家，比如波蘭和阿爾巴尼亞：這兩國的生育率明顯下降。接下來，再注意一下多數人民信仰基督教的國家，比如西班牙和葡萄牙。這些國家的生育率遠低於替代率。

這讓我猜想，如果一國近年沒有經歷戰亂或天災人禍，那麼改變一國生育率的主要因素，恐怕不是阿桑奇宣稱的無神論或女性主義，而是經濟穩定度與社會結構。比方來說，西南歐國家如西班牙、義大利和葡萄牙，

這段期間的失業率達到史上最高峰,而薪資卻掉到史上最低點;也許人們
是因為知道自己養不起孩子,而放棄或延後生育計畫。前蘇聯國家,如阿
爾巴尼亞、匈牙利、拉脫維亞或波蘭,生育率在1990年代初期大幅下降,
可能與蘇維埃聯邦於1991年瓦解有關,這些國家從那時起慢慢轉型為資本
主義國家。

### 1990~2016年歐洲國家的生育率

替代率:每名婦女生育2.1名子女
注意:並非所有國家都是歐盟成員

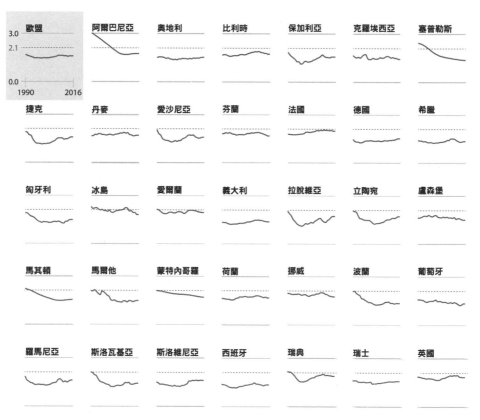

　　阿桑奇的推特發文影射新移民可能有助提升一國的生育率,或者延緩
人口老化,但我們需要更多的證據才足以論斷是否真是如此。阿桑奇的表
格和我依他的資料編製而成的圖表都無法證明這一點,因為它們沒有揭露

足夠的相關資料與背景資訊，只呈現對一方論點有利的資訊。生育率下降不是政教分離國家獨有的現象，而是世界各地的趨勢，無關於一國的宗教虔誠度。

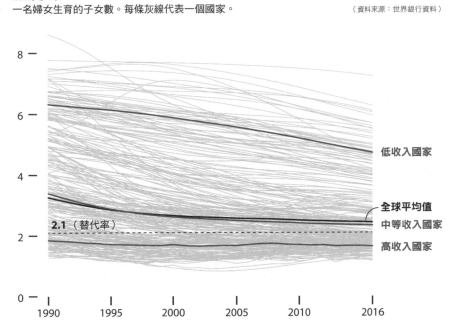

**生育率**
一名婦女生育的子女數。每條灰線代表一個國家。　　　　　　　　　　　　　　（資料來源：世界銀行資料）

## 原始數值vs.調整數值

本章已近尾聲，讓我們回到前面討論的名義價值、原始數據，以及比率和百分比。各位讀者知不知道，美國最肥胖的郡是加州的洛杉磯郡、伊利諾州的庫克郡，及德州的哈里斯郡（次頁上圖）？

無獨有偶，這些地方剛好也是全國最貧窮的地區（次頁中圖）。

咦！看起來肥胖與貧窮的關係密切——但這並非實情。請看次頁最下方各郡人口圖。

乍看之下，肥胖人數和貧窮人數有明顯的正相關，其實這只是因為兩

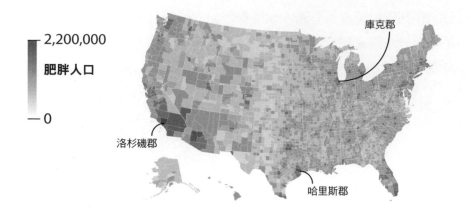

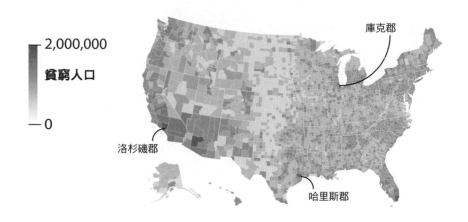

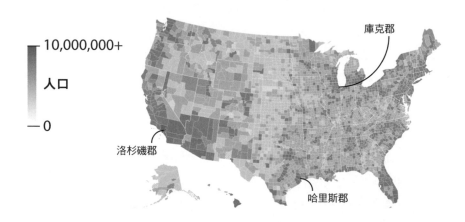

個變項也都與當地人口數有明顯的正相關：芝加哥市位在庫克郡，休士頓市位在哈里斯郡。如果我們把上述人數化成百分比，結果如下圖：

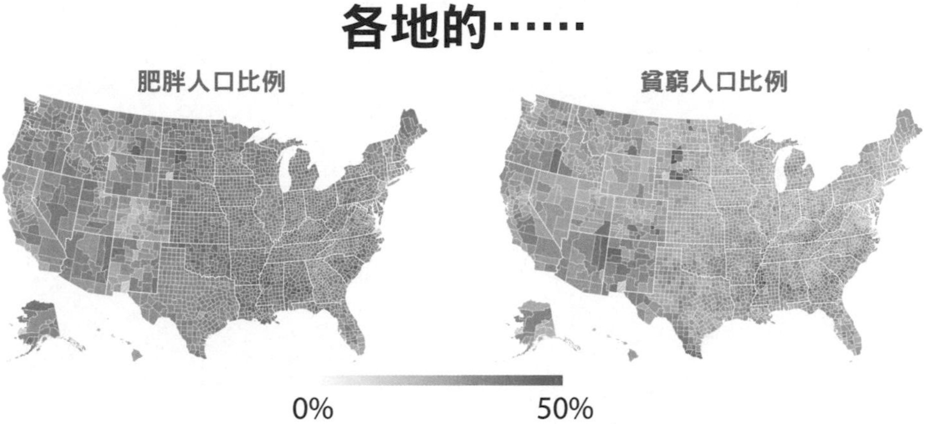

# 各地的……

肥胖人口比例　　　　　　　　　　　　　貧窮人口比例

0%　　　　　　　　　　　　50%

　　換算成百分比後的圖和左頁的圖有很明顯的差異，是吧？雖然肥胖和貧窮之間看似隱約有關，但相關性變得很弱，而且洛杉磯等郡顯然不是最肥胖或最貧窮的地區。洛杉磯之所以有很多人肥胖或貧窮，只是因為它的人口眾多。使用顏色深淺呈現數據的地理分布圖，稱為「分級著色區域密度圖」，英文是choropleth，取自希臘文的khōra（地方）和plēthos（群眾或大量）。

　　這種圖應該用來呈現調整過的數據，比如肥胖或貧窮人口的百分比，而不是原始數據。要是用來呈現原始數據，它們只會反映了當地人口的多寡。

　　我們可以用別的方式將數字視覺化，比如改用散布圖。次頁的第一張圖顯示沒有按整體人口調整時，肥胖與貧窮的關聯；第二張圖則顯示肥胖率與貧窮率間的關聯。

　　密西西比州克雷伯恩郡的肥胖率最高（9,000名郡民中，48%達肥胖標準），而南達科他州奧格拉‧拉科塔郡的貧窮率最高（13,000名郡民中，52%達貧窮標準）。洛杉磯、庫克、哈里斯三郡的肥胖率為21~27%，而貧窮率則在17~19%之間。這幾個郡都位在第二張圖的左下象限。

　　這個實例讓我們清楚看到，原始數值與調整後的數值都十分重要。洛
杉磯郡全部人口中有將近200萬人深陷貧窮困境，實在令人震驚。但如果
你的目標是比較各郡的貧窮狀況，那就必須使用調整後的數值，才有比較
的意義。

**貧窮**
**vs. 肥胖**

（每一點代表一郡）

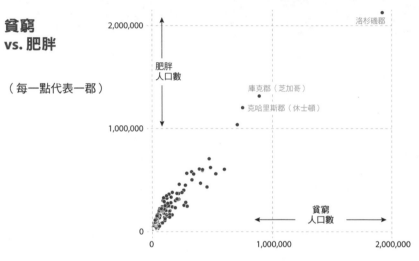

**貧窮**
**vs. 肥胖**

（每一點代表一郡）

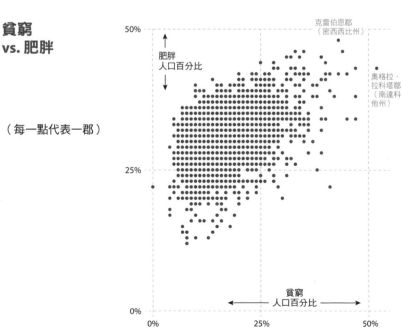

注釋：

1.　"It's Time to End Chain Migration," The White House, December 15, 2017, https://www. whitehouse.gov/articles/time-end-chain-migration/.

2.　Michael Shermer, *The Believing Brain: From Ghosts and Gods to Politics and Conspiracies — How We Construct Beliefs and Reinforce Them as Truths* (New York: Times Books, Henry Holt, 2011).

3.　譯注：依美國移民法規定，美國公民才能擔保直系親屬（父母）及兄弟姊妹，而綠卡持有人只能擔保配偶及未婚子女；因此作者之妻在取得公民資格之前，不可能透過家庭親屬途徑，擔保父母、兄弟姊妹去美國。

4.　John Binder, "2,139 DACA Recipients Convicted or Accused of Crimes against Americans," Breitbart, September 5, 2017, http://www.breitbart.com/big-government/2017/09/05/2139-daca-recipients-convicted-or-accused-of-crimes-against-americans/.

5.　Miriam Valverde, "What Have Courts Said about the Constitutionality of DACA?" PolitiFact, September 11, 2017, http://www.politifact.com/truth-o-meter/statements /2017/sep/11/eric-schneiderman/has-daca-been-ruled-unconstitutional/.

6.　Sarah K. S. Shannon et al., "The Growth, Scope, and Spatial Distribution of People with Felony Records in the United States, 1948 to 2010," *Demography* 54, no. 5 (2017): 1795–1818, http://users.soc.umn.edu/~uggen/former_felons_2016.pdf.

7.　"Family Income in 2017," FINC-01. Selected Characteristics of Families by Total Money Income, United States Census Bureau, accessed January 27, 2019, https:// www.census.gov/data/tables/time-series/demo/income-poverty/cps-finc/finc-01.html.

8.　TPC Staff, "Distributional Analysis of the Conference Agreement for the Tax Cuts and Jobs Act," Tax Policy Center, December 18, 2017, https://www.taxpolicycenter.org/publications/distributional-analysis-conference-agreement-tax-cuts-and-jobs-act.

9.　其實這件事要複雜得多。多項預測都指出大部分家庭最終會付更多的稅，並沒有減輕稅務負擔，請見：Danielle Kurtzleben, "Here's How GOP's Tax Breaks Would Shift Money to Rich, Poor Americans," NPR, November 14,2017, https://www.npr.org/2017/11/14/562884070/charts-heres-how-gop-s-tax-breaks-would-shift-money-to-rich-poor-americans. 此外，事實查核網站PolitiFact也批評萊恩的數字不老實，請見：Louis Jacobson, "Would the House GOP Tax Plan Save a Typical Family $1,182?" PolitiFact, November 3, 2017, http://www.politifact.com/truth-o-meter/statements/2017/nov/03/paul-ryan/would-house-gop-tax-plan-save-typical-family-1182/.

10.　Alissa Wilkinson, "Black Panther Just Keeps Smashing Box Office Records," Vox, April 20, 2018, https://www.vox.com/culture/2018/4/20/17261614/black-panther-box-office-records-gross-iron-man-thor-captain-america-avengers.

11.　電影票房計算網站Box Office Mojo進行通貨膨脹調整後，列出了全球票房最賣座的電影，《黑豹》名列第30名，請見："All Time Box Office," Box Office Mojo, accessed January 27, 2019, https://www.boxofficemojo.com/alltime/adjusted.htm.

12.　請見洛迪的網站「Data + Tableau + Me」，網址為：http://www.datatableauandme.com.

13.　"CPI Inflation Calculator," Bureau of Labor Statistics, accessed January 27, 2019, https://www.bls.gov/data/inflation_calculator.htm.

14.　Dawn C. Chmielewski, "Disney Expects $200-Million Loss on 'John Carter,'" *Los Angeles Times*, March 20, 2012, http://articles.latimes.com/2012/mar/20/business/la-fi-ct-disney-write-down-20120320.

15.　"Movie Budget and Financial Performance Records," The Numbers, accessed January 27, 2019, https://www.the-numbers.com/movie/budgets/.

16.　"The 17 Goals," The Global Goals for Sustainable Development, accessed January 27, 2019, https://www.globalgoals.org/.

17.   Defend Assange Campaign (@DefendAssange), Twitter, September 2, 2017, 8:41 a.m., https://twitter.com/julianassange/status/904006478616551425?lang=en.

第五章

# 因隱藏或混淆不確定性而說謊的圖表

　　不精確的圖表會騙人；但太過精確的圖表，有時也會讓人不得其要。

　　圖表設計者必須提醒民眾，數據多半有其不確定性。一旦忽略不確定性，連帶會讓讀者做下錯誤的推論。

## 好的圖表有助於做出正確判斷

　　2017年4月28日早上，我打開《紐約時報》，翻到觀點與評論版（Opinion），看到布瑞特・史蒂芬斯（Bret Stephens）加入後的第一篇專欄文章。史蒂芬斯是位很有魅力的保守派專欄作家，《紐約時報》為了擴展自家評論版的意識形態光譜，特意把他從《華爾街日報》（*Wall Street Journal*）延攬過來。

　　史蒂芬斯換東家後的第一篇文章，以「絕對確定之時勢」（Climate of Complete Certainty）為題[1]，其中幾句話對我來說宛如美妙音樂般悅耳：「我們活在一個數據至上的世界。然而數據一旦掌握威權，就容不下懷疑，進一步讓人變得狂妄自大。」可惜的是，其他段落就沒那麼精采了。史蒂芬斯接下來以詭異的論點，攻擊基礎科學界對氣候變遷的共識。舉個例子，他寫道（黑體字是我特意標出的重點）：

　　　　跨政府氣候變遷委員會（Intergovernmental Panel on Climate Change，簡稱IPCC）在2014年發表了一份報告。如果你讀過它，就會知道**自1880年代開始，地球的確變得稍微熱了一些**

**（增加攝氏0.85度）**，這是人為造成的暖化現象。儘管如此，許多被世人認定為「事實」的事，其實只是概率問題。科學家建立了許多非常複雜的模型和模擬，企圖窺探未來的氣候，但它們的失誤率很高，一點也不精準。雖說如此，但我並非反對科學。我只是誠實地面對科學。

在聊聊「失誤率很高的模型和模擬」這一句之前，先讓我們瞧瞧他如何把全球均溫增加攝氏0.85度稱為「稍微熱了些」。乍聽之下，這句話好像沒錯。如果今天氣溫從攝氏40度增加為40.85度，我相信人們只會覺得熱到不行，不會注意到0.85度的差異。

　　然而在這個時代，每個公民都該明瞭**天氣**（weather）與**氣候**（climate）不一樣。有些政客一見自家附近下起大雪，就宣稱氣候變遷不存在，他們不是在愚弄選民，就是連小學科學都不懂。史蒂芬斯口中「稍微熱一些」的攝氏0.85度不容小覷，只要我們宏觀全球溫度的歷史變化，就會知道這是十分駭人的差異，請瞧瞧下方圖表。這種好圖表才會鼓勵人們展開有深度的對話。2

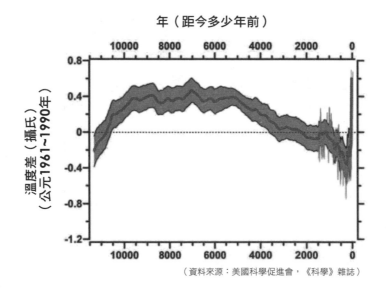

（資料來源：美國科學促進會，《科學》雜誌）

　　先讓我解釋該如何讀這張圖：橫軸是年分，但從當年度往回推算，因此最右邊的當年度是0年。縱軸使用了氣象學界常用的基準線，也就是1961~1990年的平均攝氏溫度，以虛線標示；縱軸上的刻度是各年氣溫與1961~1990年平均攝氏溫度的差異，因此有正負溫度差，位在基準線上方代表比1961~1990年的均溫熱，位在下方則代表比均溫冷。

　　最重要的是那條紅線。世界各地的研究學者與團隊不斷競技，以各種方法估算歷史氣溫，紅線就是合計所有估計值再加以平均的結果。紅線上下的灰色帶，則是此平均值的不確定範圍。也就是說，科學家透過這張圖說的是：「我們合理相信，地球過去一萬多年的氣溫位在此灰色區塊內，而我們的最佳估計值，則是這條紅線。」

　　請看圖的右邊，紅線後方有條細灰線。它通常被稱為**曲棍球棒線**（hockey stick），代表一組非常著名的氣溫估計值，由麥可‧曼恩（Michael E. Mann）、瑞蒙‧布萊德利（Raymond S. Bradley）以及馬肯‧休斯（Malcolm K. Hughes）估算而成。[3]

　　這張圖跟史蒂芬斯的說法剛好相反。它告訴我們，氣溫增加攝氏0.85度絕不是「稍微熱一些」。看一下縱軸就知道，我們在這一世紀見證了顯著的氣溫上升；然而在過去，地球可是要花上**數千年**的時間，氣溫才會有如此明顯的增長。如果我們放大局部（如次頁圖），會更清楚地看出過去2,000年來的溫度，都不曾出現此刻那麼急遽的改變。

　　這完全不是「稍微熱了些」。

　　那麼史蒂芬斯的第二個宣言，也就是「科學家的模型和模擬失誤率很高」呢？對此，他進一步發表高見：

　　　　完全信服科學不只違背了科學精神，而且每次出現推翻氣候變遷的說法時，更讓人懷疑氣候變遷根本不存在。貿然要求政府推動昂貴的新政策，當然會引人懷疑背後的意識形態意圖。

年（距今多少年前）

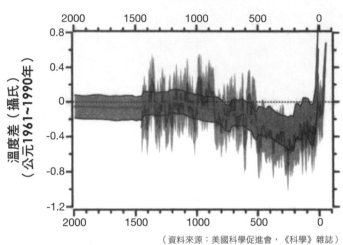

（資料來源：美國科學促進會，《科學》雜誌）

　　就抽象層面而言，這些聽起來不啻為良好建議，但它們並不適用於現實。首先，科學家發展的氣候模型不僅具備合理的精準度，而且他們的數據還常常太樂觀了些。

　　地球快速升溫，冰層急速融化，海水增加，海平面上升。再過不久，南佛羅里達之類的地區就可能變得不宜人居。邁阿密海灘發生水災的次數已比往昔更加頻繁，連天氣晴朗時也不例外。這些現實情況促使市政府考慮推動那些史蒂芬斯不信任的「昂貴新政策」：設置巨型水泵，甚至增高路面。這些措施並不是以「意識形態導向的科學」為基礎──不管是自由派還是保守派──而是基於事實，而且是親身見證的事實。

　　請見右頁上圖《哥本哈根診斷》（Copenhagen Diagnosis）計畫提供的圖表，[4]比較跨政府氣候變遷委員會過去的海平面預測和實際記錄到的數據。

　　灰色區域是跨政府氣候變遷委員會衛星實際觀測（而不是「失誤率很高的模型和模擬」），它應證了當時最悲觀的預測值。氣候模型失誤過嗎？當然，科學並非教條，也會出錯。然而許多科學家提出的結論的確正確無誤，並非杞人憂天。

海平面上升：模型與實測 [5]

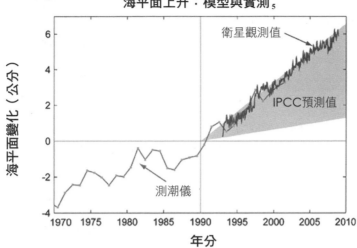

最後，史蒂芬斯在《紐約時報》發表的第一篇專欄略過未提的是，儘管數據、模型、預測和模擬都有其不確定性（氣候科學家絕對會在圖表中提到這一點），但毫無例外它們都指向同一個方向。下圖是另一張跨政府氣候變遷委員會提供的優良圖表，[6] 它才是史蒂芬斯應該提供給讀者參考的圖表（編按：圖中右下區塊文字與文中說明無關，故不譯出）：

**全球暖化情況：與1850~1900年均溫的差異（攝氏）**

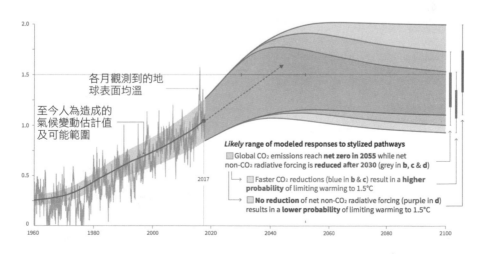

這張圖預測了幾個不同的可能發展,也標示出每個預測的不確定範圍。依照現有最完整的證據來看,最樂觀的估計是全球氣溫在2100年會增加攝氏1度。這已經夠可怕了,但更糟的是,也可能增加攝氏2度以上。我們能否在未來停止地球暖化呢?並非完全不可能,但機率跟增加攝氏2度以上的可能性一樣。如果後者不幸成真,那麼地球上很多地方都會被海水淹沒;就算部分陸地沒被海水覆蓋,也會變得不宜人居,且會出現各種極端天氣,包括可怕的颶風和足以毀滅一切的乾旱,人類將飽受折磨。

讓我打個比方吧。假設這張圖預測的不是氣候暖化,而是你未來得到癌症的機率,裡面的可能路徑與結果由世界各地數個獨立的腫瘤研究團隊計算而成,我相信你一看到此圖,絕對會立刻想辦法預防,根本不在乎這些模型的失誤率高不高。所有的模型都不是完美的,的確有可能失誤,也有一定的不確定性;但當它們有志一同,指出某件事很有可能發生,只是程度有些細微差異,那麼你理當相信它們。

我很樂意和史蒂芬斯討論那些昂貴的公共政策究竟值不值得,但如果我們想開誠布公地對談,就得先細讀圖表,了解它們暗示的未來是什麼樣貌。

好的圖表讓我們得以做出明智的決定。

## 圖表中的不確定性

史蒂芬斯的專欄提醒了我們,不管何時何地,一看到數據就要謹記估計值和預測都有其不確定性,並評估我們的看法是否該隨不確定的程度而調整。下圖的民意調查結果相當常見:

**民意調查:**
**賓夕法尼亞州**
**第18選區補選**

科納・蘭姆(民主黨)　42%
瑞克・薩科恩(共和黨)　45%
未決定　13%

（資料來源: Gravis）

**瑞克・薩科恩 +3 個百分點**

　　然而揭露投票結果時，不管我們支持的候選人是誰，大部分的人不是大喜過望就是大發雷霆。請見下圖：

**投票結果：**
**賓夕法尼亞州**
**第18選區補選**
**2018年3月13日**

科納・蘭姆（民主黨）　████████████████████ **49.8%**

瑞克・薩科恩（共和黨）　███████████████████ **49.6%**

**科納・蘭姆：+0.2 個百分點**

　　從美國補選的民意調查和最終投票結果，就能清楚看到所有圖表背後都藏了兩種不確定性；一種很容易就能計算出來，另一種則難以估計。讓我們先說第一種：所有的估計都會有一定範圍的誤差。雖然這類調查研究的正文都會提到誤差範圍，但光從圖表不一定看得出來。

　　統計學中的「誤差」指的是「**不確定性**」，而不是「錯誤」。任何一種我們經估算而得的估計值，即使它的圖表或文字敘述看起來很精確，比如「這位候選人會拿下54%的選票」，「在95%的情況下，這種藥物對76.4%的病患有效」，或者「這件事發生的概率是13.2%」，但估計值往往只是某個可能範圍的中間值而已。

　　誤差有很多種類。一種是民意調查時常見到的誤差邊際。一個**信賴區間**（confidence interval）包含兩個要素，其一是誤差邊際，其二是**信賴水準**（confidence level）。信賴水準通常是95%或99%，不過也有可能是任何百分比。假設你讀到一項民意調查、科學觀察或實驗指出，「在95%的信賴水準下，數值45（比如45%、45人，或任何一種單位）的誤差邊際是+/-3」，那麼你必須把科學家或民調公司的說法，轉化成比較易懂的文字：我們盡力嚴格實施隨機調查方法，在此前提下，我們有95%的信心，相信估計值會落在42~48之間，也就是說比45大或小3個單位。這是我們最精準的估計值。我們無法確定此估計值完全正確，但如果每次進行民調時都使用同樣嚴格的方式做調查，那麼實得數據有95%的可能會落在估計值的誤差邊際之內。

　　因此，當一張圖表的數據藏有某種程度的不確定性，你必須強迫自己

把它轉換成類似下面的圖表，時時謹記最後結果有可能比目前看到的數值大或小。下圖中漸層的顏色區塊代表了信賴區間的寬度，此例是估計值的+/-3：

**民意調查：**
賓夕法尼亞州
第18選區補選

科納·蘭姆（民主黨）

瑞克·薩科恩（共和黨）

（資料來源: Gravis）

**信賴水準95%，誤差邊際+/-3個百分點**

42%   39–45%
45%   42–48%

　　絕大多數的傳統圖表往往給人非常精準的印象，比如長條圖或折線圖，代表數字的長條和折線看起來明確俐落，似乎毫無模糊地帶，讀者很容易就會被誤導。但我們能教育自己，看穿這種設計上的缺陷，把圖像符號的邊緣模糊化，特別是當幾個估計值非常接近，以致不確定範圍彼此重疊時。

　　我的第一張圖中，還有第二個不確定性：進行民調時，13%的人尚未決定投票給誰。我們無法推測他們最終決定為何，很難估計其中有多少人會投給某一位候選人。雖說我們可以試著預測，但必須考量母體民眾的各種特色，比如種族與文化的組成形態、收入水平、往昔的投票模式，還有其他因素——這樣一來你會得到更多的估計值，但每個估計值又有各自的不確定範圍！除了以上所提，還有些不確定性更難甚至完全無法估計，原因包括搜集資料與產出數據的方法的完善度差異，或是研究人士在推算時也可能帶入了偏見……總而言之，數據可能會被各式各樣的因素影響。

**不確定性不代表錯誤**

　　許多人被不確定性搞得團團轉，因為他們對數據有著不理性的期待，認為科學和統計會挖掘出精確無誤的真相，但我們得到的只是不完美的估計值，隨時可能因新事件或情況而有所改變，就像科學理論常常會被推翻

一樣。但若一項理論一再被人證實，就代表它有一定準確度，很少徹底翻盤。我聽過無數次朋友和同事討論時，以類似的話語作結：「數據有其不確定性，我們不能直接說一項論點是對還是錯。」

我認為這是矯枉過正。雖然所有估計值都有不確定性，但並不代表它們是錯的。記住，「誤差」並不是「錯誤」。我朋友海瑟‧克勞斯（Heather Krause）是一名統計學家，她曾告訴我，統計學家提到數據的不確定性時，其實只要換句話說，就能扭轉人們的看法。她建議統計學家別再寫：「這是我的估計，這是此估計值的不確定範圍。」改成：「關於這個主題，我認為很有可能會是此估計值。實際數值可能會有些微差異，但會落在這個範圍內。」

如果我們手上只有一份民調或一篇科學研究，當然必須保持謹慎，別隨意論斷；但若有數項民調或研究都指出類似的結果，那我們就該增加信心。我很愛讀政治與選舉相關的文章，但我會不斷提醒自己：一項民調的結果只是噪音，但數項民調的平均值就有指標性。

我讀到失業率、經濟成長或其他指標時，也遵循同樣的原則。我們不用太在意某一週或某個月的波動，它可能只是現實生活中難免會有的隨機變化：

只要我們把目光放遠一點，就能看出長期趨勢其實剛好相反。失業率在2009及2010年間達到高峰，自此之後一路下降，只是過程中不時會上下波動。整體而言，失業率呈現穩定下降的趨勢：

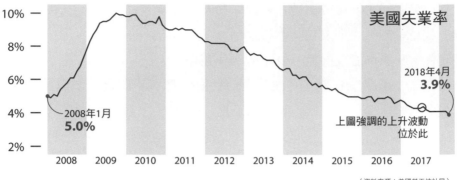

（資料來源：美國勞工統計局）

## 如何解讀颶風相關圖表

可惜的是，圖表就算指出信心水準和不確定性，人們仍可能會誤解它們的涵義。

我愛巧合。在我執筆寫下此章的這一天（2018年5月25日），美國國家颶風中心（National Hurricane Center，簡稱NHC）宣布亞熱帶風暴艾爾伯托在大西洋上成形，漸漸朝美國而來。朋友一聽到它與我同名，紛紛開起玩笑，接連引用颶風中心的新聞稿：「艾爾伯托在加勒比海西北一帶盤旋！」不然就是：「今早艾爾伯托的行進方向有點混亂。」當然囉，我今天喝的咖啡還不夠哪！

我前往颶風中心的網站，瞧瞧他們的氣象預報。請讀者看看右頁上方的圖表，這就是與我同名的颶風接下來的可能路徑。每年6~11月是南佛羅里達的颶風季，住在這兒的我們常常會在報紙、網站和電視上看到像右頁上方的氣象圖。

我的朋友肯尼・布羅德（Kenny Broad）和沙任・馬珠穆達（Sharan Majumdar）都是天氣、氣候和環境科學方面的專家，與我同在邁阿密大學任教。數年前他們告訴我，一般民眾幾乎都看不懂這類氣象圖，誤解了它。這讓我大吃一驚。現在我們加入了同一個跨領域研究團隊，在同事芭

芭拉‧米雷（Barbara Millet）帶領下，致力改善颶風路徑預測圖。7

　　颶風行進圖中的圓錐形，通常被稱作不確定之錐（cone of uncertainty）。南佛羅里達州的一些居民偏好稱它為「死亡之錐」，以為錐形代表了颶風會襲擊的區域。他們一看到錐形，就自行想像它代表颶風的規模大小，或是可能受颶風侵襲的地區，即使圖表上方的文字嚴正聲明：「錐形區是颶風中心的可能路徑範圍，並非颶風大小。錐形之外的地區仍可能受到災害。」

　　有些讀者看到錐型上方的點點區，認為它代表那一帶會下雨，其實它只是呈現4~5天後，颶風中心的可能位置。

　　為什麼人們容易犯這樣的錯誤呢？有可能是因為圓錐的上半部近似圓形，很像颶風的形狀。颶風和熱帶風暴通常很接近圓形，因為強風會讓雲

繞著中心點旋轉。每次看到不確定之錐時，我都得用力提醒自己，千萬別把它看成下圖：

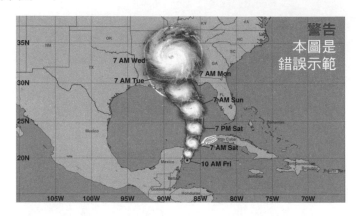

記者也常誤解不確定之錐。2017年，伊爾瑪颶風（Irma）朝佛羅里達來襲，我記得當時有名電視播報員表示，邁阿密也許會逃過一劫，因為不確定之錐位在佛羅里達西岸，而邁阿密位在東南邊，不在錐形範圍內。由此可見，人們多容易誤解氣象圖。

如何正確判讀不確定之錐呢？這恐怕比你想像得更複雜。我們必須謹記一項基本原則，錐形只是簡單代表颶風中心的可能行進路徑範圍，而可能性最高的路徑，則是圓錐中心的那條黑線。當你看到不確定之錐，你該自行把它轉化成下圖（所有的線都是虛構的）：

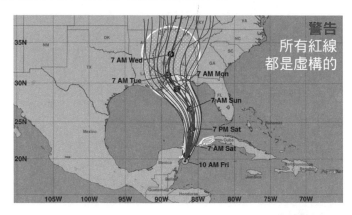

畫錐形區域之前，颶風中心的科學家會先以數個數學模型，預測颶風

的可能走向，再加以合成，請見下圖第一步（1）。接著根據不同預測模型的信心指數，颶風中心會再次估計接下來5天颶風中心最有可能的位置（2）。

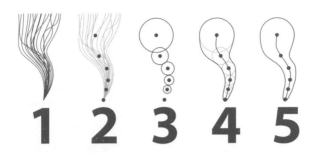

然後他們在每一個估計點的周圍畫出逐漸變大的圓形（3），代表颶風中心對每個估計點的不確定範圍，由過去5年所有颶風預測的平均誤差值決定。接著科學家以電腦軟體追蹤一個個圓形，把它們的外圍連起來就形成曲線（4），最終變成錐形（5）。

即使我們把颶風走勢圖，還原成一大盤繞來繞去的義大利麵，我們還是不知道哪些地方會受到強風摧殘。要知道會受颶風波及的可能區域，我們必須進一步想像颶風的大小，再放進圖表中，那麼我們就會看到一個像棉花糖的圖，如下：

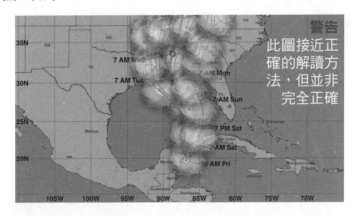

我們可能會進一步懷疑，「颶風實際路徑真的不會超出錐形範圍嗎？」換句話說，我們好奇氣象預報員指的是不是在同樣的風、洋流、氣

壓等條件下，如果發生100次同樣的颶風，每次中心走向都不脫不確定之
錐的範圍呢？

對數字略知一二的我並不這麼想。我的解讀是：100次中有95次，颶
風中心的路徑會落在錐形區以內，而錐形中心的線是科學家的最佳預測
值。但有時我們會遇到一個行徑特別詭異的颶風，由於各種環境變化，以
致颶風中心可能落在錐形區之外：

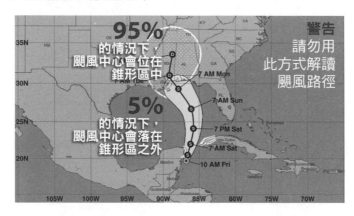

受過科學、數據、統計相關訓練的人，多半會做出如上的推論。可
惜，這也是錯的。根據熱帶風暴與颶風路徑預測的準確與失誤率，我們知
道颶風中心落在錐形區的機率並不是95%，而是67%！換句話說，這個與
我同名的颶風來襲時，其中心路徑有1/3的機率會落在錐形區域之外，也
就是在錐形區的左邊或右邊：

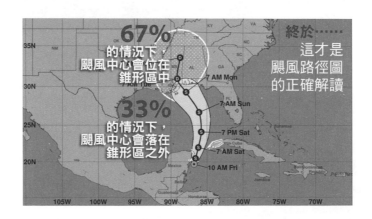

　　如果我們想用一張圖囊括颶風中心95%的可能路徑，那麼錐形會變寬很多，可能會變成下圖：

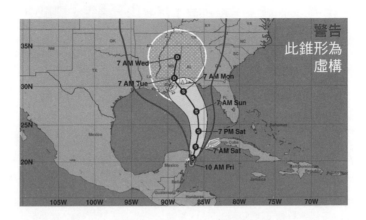

　　如果我們再加上颶風的可能大小，讓讀者得以看出會受到波及的可能地區，那也許會變成下圖。這絕對會引起民怨：「嗯，這個颶風去哪都有可能，科學家根本什麼也不知道嘛！」

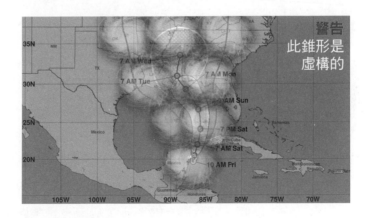

　　我已在前幾頁警告過，這種虛無主義有害無益。科學家的確握有不少資訊，他們的預測也有頗高的準確度，而且每一年都不斷進步。這些預測模型是用世界最大的超級電腦運算而成，每年都提供更精準的結果，但它們無法達到絲毫不差。

預測家寧願過度謹慎，而不是過度自信。只要你懂得正確解讀不確定之錐，就能用它來保護自己和家人，也能保護身家財產，但你必須配合國家颶風中心提供的其他圖表一起判讀才行。比方來說，颶風中心自2017年起，每有颶風成形都會發表「關鍵消息」，比如下圖。

### 亞熱帶暴風艾爾伯托的關鍵消息
### 第5 號建議：編輯於2018 年5 月26 日上午11 點

1. 不管艾爾伯托的實際路徑與強度為何，都將為古巴西部、佛羅里達南部及佛羅里達礁島群帶來大量降雨和洪水。美國墨西哥灣中部地區及美國東南部從週日開始會降雨，可能會持續到下週，且可能引發水災。
2. 美國墨西哥灣中部及東部地區從週日開始，可能會有颶風級強風和危險的激浪，即使位在艾爾伯托行徑路線東方且離颶風中心很遠的地區，也可能會面臨同樣的強風和暴潮，這些地區都已發布熱帶颶風及激浪警報。警報地區的民眾切勿只關注艾爾伯托的預測路徑細節，應遵循當地政府的官方指令行動。
3. 尤加丹半島及古巴西部都會出現危險的激浪和離岸流，且可能在今天稍晚或今夜擴展到美國墨西哥灣東部及中部地區。

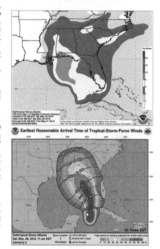

欲知更多資訊，請見hurricane.gov。

這張警告通知同時列出2項數據圖，上方是可能降雨量分布圖，以英寸為單位；下面則是「熱帶風暴級強風可能抵達的最早時間」，顯示了可能會出現熱帶風暴級強風的地區，顏色愈深，代表發生強風的機率愈高。

颶風中心會依照不同颶風的特性，在每一回的關鍵消息建議中附上不同的圖表。舉例來說，如果颶風接近沿岸地區，颶風中心有時會附上可能出現颶風激浪和水災的地區圖，同時標上機率。次頁上方是颶風中心提供的一張範例虛構圖（全彩模式看起來會更清晰）。[8]

這些視覺圖並不完美。讀者可能也會發現黑白的圖表看起來不太清楚，顏色標示令人困惑。然而比起只看不確定之錐，當我們同時並列這幾張圖，就能在颶風來襲時做出更好的決定。

我們很少在新聞媒體看到這些圖表,在電視新聞中更是少見。我不確定箇中原因,但我猜測記者偏愛錐形圖的原因是它看似簡單明瞭、清楚易懂——然而,事實並非如此。

## 圖表也有不同的「目標讀者」

那麼多人被颶風路徑圖的不確定之錐所矇騙,並不是因為圖表沒有揭露不確定性,而是因為這種圖很特殊,它本來就不是為一般民眾所設計。雖然說不管你的身分地位為何,只要連上颶風中心的網站就能看到它,新聞媒體也愛引用它,但這類圖表其實有明確的目標讀者,那就是專業人士:受過訓練的緊急災難管理人與決策者。透過不確定之錐,我們看到另一個讀圖表的關鍵原則:決定一幅圖表成不成功的關鍵,並不只在於設計者是誰,也要看讀者是誰,他們具備何種程度的圖像力或圖像敏銳度。如果我們無法正確解讀圖表中揭露的資訊,就很容易造成誤解。接下來就讓我們面對這項挑戰。

注釋：

1.　Bret Stephens, "Climate of Complete Certainty," *New York Times*, April 28, 2017, https://www.nytimes.com/2017/04/28/opinion/climate-of-complete-certainty.html.

2.　Shaun A. Marcott et al., "A Reconstruction of Regional and Global Temperature for the Past 11,300 Years," Science 339 (2013): 1198, http://content.csbs.utah.edu/~mli /Economics%20 7004/Marcott_Global%20Temperature%20Reconstructed.pdf.

3.　有本書專門解釋「曲棍球棒線」是如何產生的，請見：Michael E. Mann, *The Hockey Stick and the Climate Wars: Dispatches from the Front Lines* (New York: Columbia University Press, 2012).

4.　I. Allison et al., *The Copenhagen Diagnosis, 2009: Updating the World on the Latest Climate Science* (Sydney, Australia: University of New South Wales Climate Change Research Centre, 2009).

5.　Figure SPM.1 from the Summary for Policymakers in IPCC, 2018: Global Warming of 1.5° C. An IPCC Special Report on the impacts of global warming of 1.5° C above pre-industrial levels and related global greenhouse gas emission pathways, in the context of strengthening the global response to the threat of climate change, sustainable development, and efforts to eradicate poverty [Masson-Delmotte, V., P.Zhai, H.O. Pörtner, D. Roberts, P.R. Shukla, J. Skea, A. Pirani, Y. Chen, S. Connors, M. Gomis, E. Lonnoy, R. Matthews, W. Moufouma-Okia, C. Péan, R. Pidcock, N. Reay, M. Tignor, T. Waterfield (eds.)].

6.　如果你想了解如何透過數字進行推理，克勞斯的部落格讀來令人著迷，請見：Heather Krause, Datablog, https://idatassist.com/datablog/.

7.　布羅德寫過很多文章，深入探討大眾如何誤讀颶風路徑圖，比如：Kenneth Broad et al., "Misinterpretations of the 'Cone of Uncertainty' in Florida during the 2004 Hurricane Season," *Bulletin of the American Meteorological Society* (May 2007): 651–68, https://journals.ametsoc.org/doi/pdf/10.1175/BAMS-88-5-651.

8.　National Hurricane Center, "Potential Storm Surge Flooding Map," https://www .nhc.noaa. gov/surge/inundation/.

第六章
# 因暗示錯誤模式而說謊的圖表

好圖表替我們梳理複雜的數字，讓抽象的數字變得更具體實際，可說妙用無窮。然而圖表也可能會誤導讀者，讓我們看到虛假、錯誤或可疑的模型或趨勢；而且人腦的習性使然，我們會把眼中所見加上個人詮釋，總是試圖肯定自己原有的信念。這兩者一結合，就讓人們容易受騙。

## 解讀圖表的三大原則

傑出的統計學家約翰・圖基（John W. Tukey）曾寫道：「圖像最可貴的特色，就是迫使我們注意到之前從未想到的事。」[1] 好的圖表揭露本會被世人忽視的事實。

然而，圖表也可能會矇騙我們，讓人們看到毫無意義的重點，並且遭到誤導。舉個例子吧，你知不知道抽的菸愈多，人就愈長壽？這和數十年來發現的各種菸草危害（香菸更是萬惡之首）證據大相逕庭。請見次頁圖，它是根據世界衛生組織和聯合國的公開資料所繪製的結果。[2]

如果我平時有抽菸習慣，此圖必然會帶給我不少慰藉。菸草不會降低平均餘命！多不可置信呀，但說不定真有其事呢！一般人面對圖表時常遇到的挑戰之一，就是這種混淆了相關性與因果關係，藏有混合悖論（amalgamation paradoxes）及區群謬誤（ecological fallacy）的圖。讓我們一一檢視它們。[3]

這張散布圖本身沒有問題，但我對它的解讀錯了。我不能說：「一個人抽的菸愈多，就愈長壽。」正確描述一張圖的內容十分重要。這張圖所

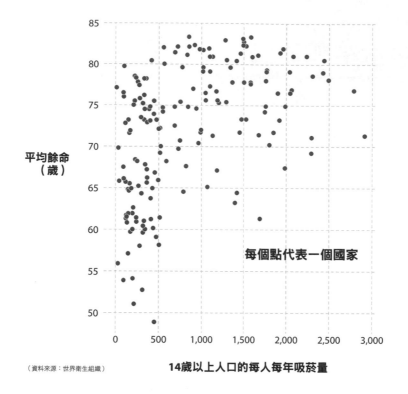

（資料來源：世界衛生組織） **14歲以上人口的每人每年吸菸量**

呈現的，只是單就國家而言，一國的吸菸量與平均餘命有正相關，吸菸量
大的國家，國民平均餘命較長，吸菸量少的國家，國民平均餘命較短。但
這並不代表吸菸會讓人延年益壽。根據此例和接下來的其他例子，我們可
以說，理解圖表的核心原則之一是：**圖表所呈現的就是它看起來的那樣，
就僅止於此**。

　　我在第一章解釋過，「有相關性並不代表有因果關係」，所有的基本
統計課都會提到這句老生常談。當我們想尋找各種現象的因果關係，第一
步的確是找出相關性，然而這句經典名言依舊是牢不可破的真理，正適用
此例的一國吸菸量與人口平均餘命圖。可能有其他因素同時影響了吸菸量
與平均餘命，只是我沒想到。拿財富來說吧，富裕國家的人民通常也比較
長壽，因為他們的飲食通常比較健康，享有比較健全的醫療服務，而且比
較少受到暴力與戰爭的摧殘。同時，他們也買得起比較多的香菸。我的圖

表中，財富水準可能是其中一個**干擾因素**。

　　我前面提到的第二和第三項挑戰是混和悖論和區群謬誤，這兩者互有關聯。區群謬誤指的是，錯誤地把某個族群的特色，套用在屬於此族群的個體身上。我提過，雖然我生在西班牙，但我絕對不符合一般人對西班牙男性的刻板印象。

　　某國人民抽很多菸，而且平均餘命很長，並不代表住在此國家的**你**或**我**可以抽很多菸，又很長壽。不同層次的分析（個體與團體）就需要不同的數據集。如果我的數據是為了研究某團體而搜集匯整（此例是國家），那麼當我們想研究更小的群體，比如地區、城市或住在那裡的個體時，以國家為單位的數據就不適用。混和悖論就在此時插上一腳。我們搜集或分類數據的方式，可能會讓某些模式或趨勢消失，甚至顛倒過來。₃

　　我提到財富程度可能是左頁圖的干擾因子，那麼讓我們再繪製一張圖，以不同顏色代表高收入、中等收入和低收入的國家：

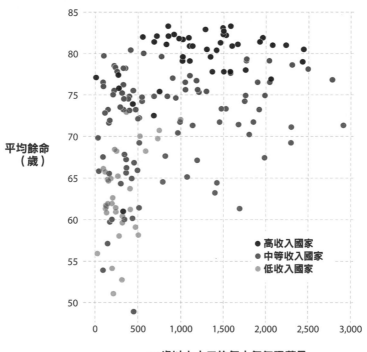

14歲以上人口的每人每年吸菸量

　　然而圖中有太多國家彼此重疊，看起來很雜亂。現在讓我們按不同收入水準，分別畫成3張圖：

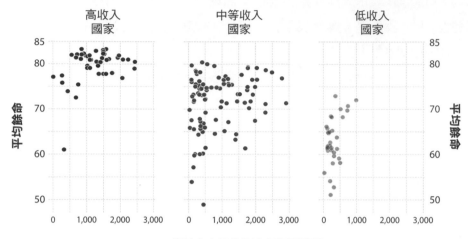

　　第一張圖的吸菸量與平均餘命看起來有很強烈的正相關，然而綜觀這三張圖，兩者間的相關性變得薄弱許多，不是嗎？貧窮國家人民的平均餘命長短不一（縱軸），但平均而言吸菸量都不高。收入中等的國家，不管是平均餘命還是吸菸量都有很大的差異，看起來兩者沒有明顯關聯。高收入國家整體而言平均餘命都比較長（縱軸位置比較高），而各國吸菸量也有很大的差異（橫軸），有些國家的吸菸量大，有些則比較少。

　　如果我們進一步把數據集按地理區域分類，結果會更混亂。原本有明顯正相關的吸菸量與平均餘命，現在看起來更加微弱，可說毫無關聯，如右頁上圖。

　　如果我們進一步細分，按地區、省分、城市、社區等分列數據，那麼兩者之間的正相關會消失無蹤。分得愈細，吸菸量和平均餘命的正相關就不斷降低，甚至變成負相關：我們在觀察個體時，會發現吸菸量會縮短壽命。右頁下圖根據不同資料來源，[4]比較超過40歲人口的存活率。請注意，50%從不吸菸或數年前就戒菸的人可以活到80歲；但長期吸菸者中只

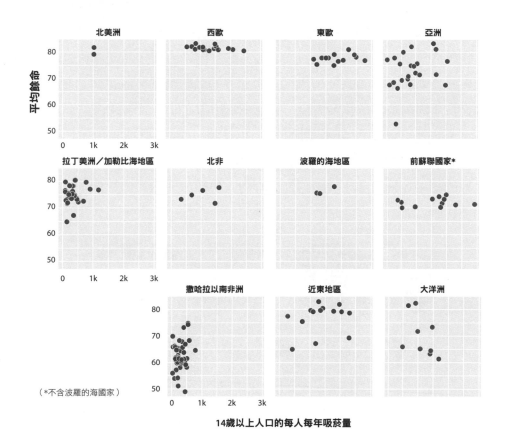

有25%得以活到80歲。根據數項研究指出，抽菸約莫會減少7年壽命。這種存活時間的圖表，稱為「卡普蘭—梅耶圖」（Kaplan-Meier plot）[5]：

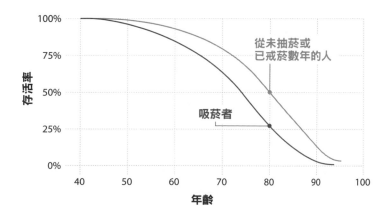

　　不同層次（level）的數據常會彼此矛盾，導致我們做出錯誤推斷。
生物學教授傑瑞・科因（Jerry Coyne）寫下精采著作《為何演化是真的》
（*Why Evolution Is True*），也創立與此書同名的網站。他在網站發表了幾
篇文章，討論宗教信仰與快樂和其他幸福指數之間的反向關係。[6]

　　下面的2張地理分布圖和1張散布圖，分別根據2009年蓋洛普
（Gallup）民調，及聯合國《世界幸福報告》（*World Happiness Report*）
計算的結果，繪出全球各國認為信仰對人生很重要的人口比例，以及快樂
指數：

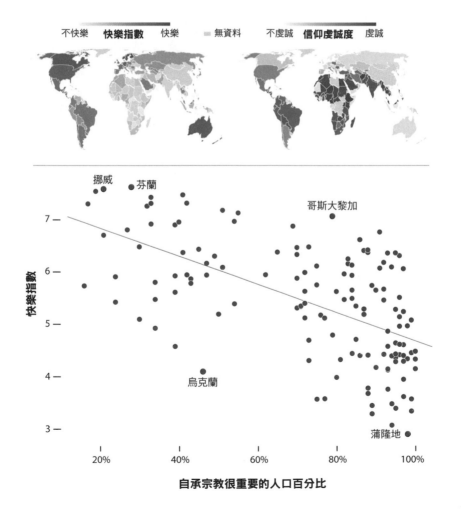

　　兩個變因有負相關，但並不明顯：整體而言，一國人民信仰愈虔誠，就愈不快樂。雖然兩者似有些許關聯，但也有很多例外。舉例來說，烏克蘭不算非常虔誠，但快樂指數很低；哥斯大黎加的人民非常快樂，同時也很虔誠。

　　快樂指數也與人民平等和幸福程度有正相關。如果一國人民平等、飲食品質良好、身體健康，通常也比較快樂。平等水準與快樂程度也有正相關，然而平等、快樂程度都與宗教虔誠度呈負相關：人民地位不太平等且比較不快樂的國家，通常也會有比較多人宣稱宗教信仰對人生很重要。

　　就算我們按地區整理數據，宗教虔誠度與快樂和幸福指數仍舊維持負相關。蓋洛普民調提供的數據，讓我們得以比較美國各州有多少人認為自己很虔誠，並比較一州整體幸福與生活滿意度的得分。後者衡量數項因素而得，包括可負擔的醫療保險普及度、飲食品質、運動量、團體歸屬感及公民參與度……等指標。，（請見次頁圖。）所有的散布圖都有例外，次頁圖也一樣：西維吉尼亞州的幸福程度很低，而宗教虔誠度位居中等；猶他州的兩項得分都很高。

　　激烈的無神論者可能會急於從這些圖表中找出寓意。信仰虔誠究竟會讓人痛苦，還是會帶來快樂？此外，我們是否可以從這些圖表下一個結論：身為個體的我只要放棄宗教或甚至成為無神論者，就會變得更快樂？當然不是如此。讓我們強調另一個正確解析圖表的原則：**切勿過度解讀圖表——特別是當它符合我們內心的期望時。**

　　首先，這些圖表只告訴我們，一個地區的信仰虔誠度與人民的快樂與幸福程度有負相關，但它們**並沒有**說，信仰愈虔誠就過得愈痛苦。兩者的因果關係其實可能剛好相反。也許正是因為一國遭遇的苦難很少，人民才沒那麼虔誠。

　　愛荷華大學教授費德瑞克・索特（Frederick Solt）做了一項研究，發現在不同國家、不同年度，社會平等程度的波動會影響人民宗教信仰的虔誠度，而且這種變化不受個人的財富水準影響。一旦社會不平等的現象加

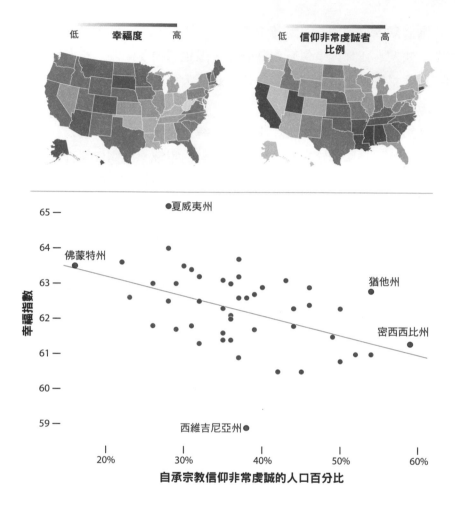

劇，窮人和富人都會變得更加虔誠。₈根據索特的說法，宗教觀念替社會
階級辯護，因此有錢和有權者會變得更虔誠；相反的，窮人變得更虔誠，
是因為宗教帶給他們心理安慰與歸屬感。

　　這種說法解釋了為什麼進一步解析數據，會發現以個體而言，原本負
相關的宗教虔誠度和快樂幸福程度，轉而變成正相關。若一國局勢不穩或
社會極不平等，兩者之間的正相關更加明顯，信仰虔誠的人通常會感到比
較幸福快樂。₉

　　讓我們想像一個極端的例子：假設你的國家很貧窮，戰火頻仍，國

家體系瓦解，你可能會透過有系統的宗教找到重心，得到強烈的人生意義、心理安慰、團體凝聚力和穩定感。住在挪威或芬蘭的人可能不太虔誠但非常快樂，可是你不可能與他們相比，你無法相信放棄宗教會讓你更快樂，因為你的生活環境和他們的差太多了。生活富裕、住在講求平等且安全地區的人們，信不信仰宗教不太會影響他們的幸福感，因為社會提供了健全的醫療照護、良好的教育、安全感和歸屬感。但對身陷戰亂與貧窮的人們來說，宗教的意義大不相同，足以帶來強烈的心理變化。一般而言，當社會局勢不穩，信仰虔誠的窮人恐怕會比無信仰的窮人過得快樂些。[10]

　　根據本章目前提到的例子，請容我再次強調另一個原則：**考量不同層次的情況時，需要相對應的資料集合（data aggregation）。**

　　換句話說，如果我們想找出不同國家或地區的宗教虔誠度與快樂和幸福之間的關係，那麼圖表必須比較這些國家或地區的集合資料。如果我們的目標是了解**個體**，那麼國家或地區層級的圖表就不適用，必須比較以個人為單位的資料。

## 「堪薩斯怎麼了？」矛盾

　　看到支持自身原有信念的圖表，我們往往會倉促做出定論。這是大家都很容易犯的毛病。每次總統大選過後，我那些政治理念偏左的朋友常會困惑，為什麼住在比較貧窮的地區，亟需社會安全網的民眾，往往會投給那些力圖削弱安全網的候選人。

　　我們可以把這稱為「堪薩斯怎麼了？」（What's the Matter with Kansas?）矛盾，歷史學家與記者湯瑪士‧法蘭克（Thomas Frank）在2004年的同名暢銷著作中提出這一說法。法蘭克分析，有些選民支持那些對自身權益有害的候選人，是因為他們認同那些候選人的文化價值觀，比如宗教、墮胎、同志權利、政治正確……等觀念。次頁這幾個圖常讓我某些朋友大惑不解。

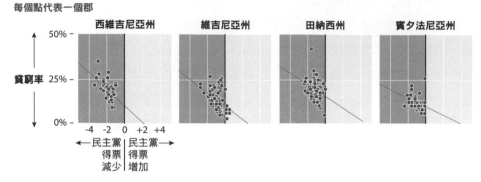

**2012及2016年總統大選，**
**民主黨得票變化圖（以百分點為單位）**
每個點代表一個郡

它們似乎證實了法蘭克的說法：比較兩次總統選舉投票結果，會發現一郡愈貧窮（紅點的縱軸位置愈高），民主黨在2016年流失的選票就愈多（紅點的橫軸位置愈靠左）。

這幾張圖的確呈現這種趨勢，但它們是否真的告訴我們，那些住在西維吉尼亞州或田納西州的窮人，投票時「違背了自己的利益」？並非如此。首先，這種指控過度簡化了投票這件事。選擇候選人時，個人的經濟利益並不是唯一考量，我就常常投票給那些打算對我們這種家庭增稅的候選人。而且，選民非常在乎候選人的價值觀。如果一名候選人暗示過反移民傾向或有任何仇外思想，我絕不會投票給他或她，就算我完全認同這個人的經濟政策，也不會妥協。

不過讓我們回到圖表本身，並假設個人的經濟利益是選民的唯一考量。即使如此，這些圖表也不代表窮人刻意投給對自己不利的候選人，因為它們呈現的並不是「**窮人**對民主黨的支持度下降」，而是「貧窮的**郡**對民主黨的支持度下降」，兩者不可混為一談。美國選舉的投票率通常偏低，而且經濟狀況愈差的地區，投票率愈低。美國獨立新聞組織ProPublica的政府線記者艾歷克·麥克吉里斯（Alec MacGillis）分析道：

　　民主黨力保社會安全網計畫。最仰賴安全網的那些選民，多

半沒有不顧自己的利益，把票投給共和黨。事實上，他們根本沒去投票。……這些地區投給共和黨的人，大多數都是經濟階級稍微好上一、兩階的選民，比如警員、教師、高速公路工人、汽車旅館職員、加油站老闆和煤礦工。這些人之所以逐漸傾向認同共和黨，一部分是因為他們看到那些經濟能力更差、位於更底層的人們愈來愈依賴安全網，想藉此表達他們的不滿。在這些逐漸衰敗的城鎮裡，經濟階級愈來愈停滯，而這就是他們最明顯的抗議。[11]

## 群集資料和個體資料的差異

要了解圖表如何扭曲民眾的看法，我們必須謹記集合資料和個體資料的差異。請讀者瞧瞧下圖揭露的趨勢。此圖出自網站「用數據看世界」

**比較1970~2015年的平均餘命與醫療支出**
醫療支出以每年人均健康保險費用計算，按通貨膨脹和各國物價水準調整金額，以2010年國際元為單位。

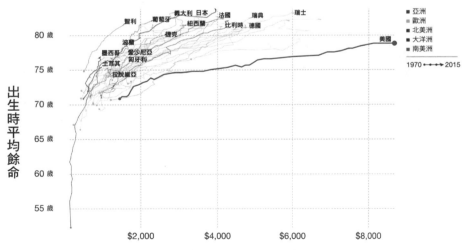

資料來源：世界銀行——WDI, Health Expenditure and Financing - OECDstat (2017)
OurWorldInData.org/the-link-between-life-expectancy-and-health-spending-us-focus．CC BY-SA

（Our World in Data），如果你喜愛將資料視覺化的圖表，那麼這網站簡直是個寶庫。[12]

這是幅連結散布圖。我們在第二章學過怎麼判讀這種圖，且讓我提醒大家一下：一條線代表一國，你得想像那些線就像蝸牛的行進路線一樣，會向左、向右、朝下、朝上跑。讓我們瞧瞧美國那條線。它的起始點位在圖的左邊，指出1970年的新生兒出生時平均餘命（縱軸）和按物價調整後的每人醫療保健支出（橫軸）。線的終點位在圖的右邊，指出2015年兩個變項的數值。終點比起始點的位置高，而且很靠右邊，代表2015年時美國人民的平均餘命比1970年時長，醫療支出也比1970年多。

這張圖表顯示大多數國家，1970年到2015年人民平均餘命和醫療支出以類似速率成長。但美國是個例外，美國人民的平均餘命沒有增加多少，每人平均的醫療支出卻大幅激增。我藉此提出正確判讀圖表的另一個原則：**任何圖表都只是真相的簡易版，它隱藏的事物和它所揭露的一樣多。**

因此我們該隨時自問：此圖背後是否藏有其他模式或趨勢？我們可以思索一下這些國家的趨勢是否受到別的變因影響。美國人民的醫療支出隨個人擁有的財富與居住地有很大的差異，平均餘命也是如此。

華盛頓大學研究團隊2017年的一項研究發現。「科羅拉多州中部幾個富有的郡，居民平均餘命高達87歲（遠超過瑞士人或德國人的平均餘命），但在北達科塔和南達科塔州，境內有數個郡是美國原住民保留區，而這兩州居民的平均餘命很短，平均只有66歲。」這可是超過20歲的差異呀。[13]我猜測，有全民健保制度的富有國家，各地區的醫療支出和平均餘命差異絕不會那麼嚴重。

## 圖表究竟說了些什麼？

2010年3月23日，時任美國總統的歐巴馬簽署了《平價健改法案》（Affordable Care Act，又稱為歐巴馬健保），正式實施。自提案階段，各

界人士就一直激烈討論這項法案，直到我寫本書的2018年夏季仍沒有止息。人們提出的相關疑慮包括：此法案對經濟有利嗎？它真的平價嗎？當行政部門試圖阻撓此法案，它是否仍能屹立不搖？它是否會增加就業機會，還是會阻礙業主雇用勞工的意願？

　　各方至今仍為此辯論不休，莫衷一是。不過有些所謂的專家藉由下圖之類的圖表，宣稱共和黨的說法有誤，歐巴馬健保其實對勞動市場帶來莫大助益。注意一下，經濟危機時期，就業數下降，但在2010年左右開始回升。接著再請讀者瞧瞧圖中接近轉折點的地方：

**全國受雇人口：非農就業人口（億）**

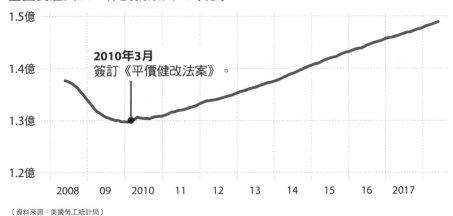

（資料來源：美國勞工統計局）

　　任何人打算單憑一張圖表說服我們時，我們都該問問：**單憑這張圖表呈現的模式或趨勢，是否足以支持作者所說的論點呢？**

　　我認為在此例中，這問題的答案是否定的。第一個原因是我們前面學到，一張圖表表面上所呈現的就是它的一切，僅此而已。這張圖表呈現的是，有兩個事件差不多在同時發生：歐巴馬健保成立，就業指數出現轉折點。但這張圖表並沒有說一個事件影響了另一個事件，或者一個事件引發了另一個事件。做此推斷的是你的頭腦，但圖表可沒這麼說。

　　第二個原因是，我們也能想到約莫在同期發生的數個事件，它們也

可能是讓就業市場回溫的推手。歐巴馬為了解決2007~2008年間的金融危機，提出經濟振興方案，也就是《美國復甦與再投資法案》（American Recovery and Reinvestment Act），並在2009年2月正式通過。美國經濟有了數十億美金的挹注，也許終於在數個月後產生效果，促使企業再次增聘勞工。

　　我們也可以假設一下與事實相反的情境。想像一下，要是國會沒通過《平價健保法案》，私人企業就業曲線會如何發展呢？它還會跟上圖一樣嗎？少了平價健保，就業市場回溫的速度會慢一些（因為平價健保更容易創造職缺），還是會快一些（因為平價健保讓企業擔心醫療健保成本，因而不願雇用新人力）呢？

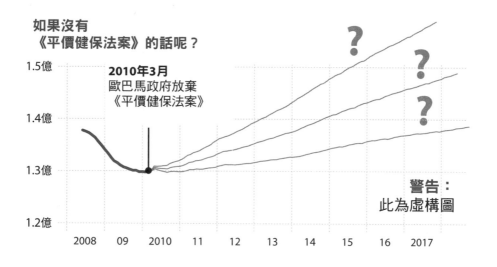

　　我們都不知道這些問題的答案。原本的圖表根本沒有告訴我們，就業市場是否真的受到《平價健保法案》影響。我們無法單憑那張圖擁護或攻擊《平價健保法案》。

　　我見過右派人士誤用類似的圖表。川普就任總統第一年時，很愛宣稱美國就業市場在他上任前是場徹頭徹尾的「災難」；他一入主白宮，就業市場就復甦了。他把橫軸設在對他有利的地方，刪除礙事的部分：

**全國受雇人口：非農就業人口（億）**

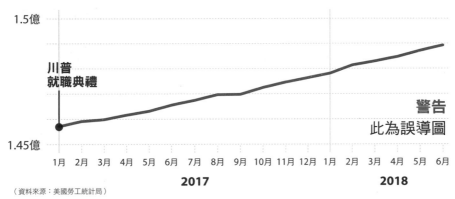

（資料來源：美國勞工統計局）

　　但如果我們把圖表的時間線往前移，就會發現川普成為總統後，就業曲線並沒有多大變動，坡度也沒改變。就業市場自2010年開始復甦，川普充其量只能宣稱自己成功維持就業市場擴大的趨勢：

**全國受雇人口：非農就業人口（億）**

（資料來源：美國勞工統計局）

　　2017年10月，川普用一篇推特短文誇耀道瓊指數的表現。他發的是一張股市走勢圖，顯示2016年11月之前走勢平緩，之後一路向上，同時加上驚嘆：「哇！」

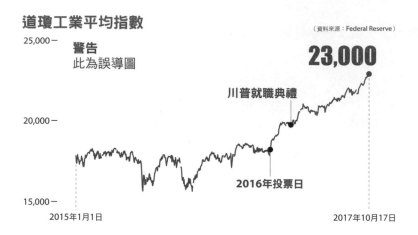

道瓊工業平均指數

（資料來源：Federal Reserve）

25,000 —

警告
此為誤導圖

23,000

川普就職典禮

20,000 —

2016年投票日

15,000 —

2015年1月1日                                                                    2017年10月17日

我們不難猜到這張圖的錯誤之處：道瓊指數遵循了就業市場的趨勢，從2009年後就穩定上揚。中間雖有些停滯期與上下震盪，包括2016年總統就職典禮後的「川普衝擊」（Trump Bump），[14]然而道瓊指數一直維持上揚趨勢：

道瓊工業平均指數

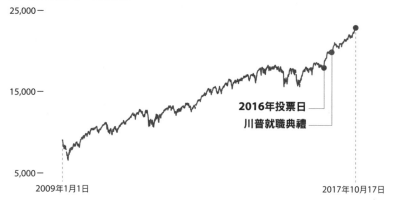

25,000 —

15,000 —

2016年投票日

川普就職典禮

5,000 —

2009年1月1日                                                                    2017年10月17日

## 為了支持一己信念誤用圖表

我們愈珍視某個信念，就愈迷戀支持此信念的所有圖表，不管它多麼

簡樸。下圖在神創論者（creationist）的圈子廣受歡迎，因為它顯示了世人熟知的寒武紀大爆發（Cambrian explosion）期間，生物界突然之間爆增了許多「屬」，生態變得更多元。（在生物分類法中，數個物種組成屬，比如說，狼、胡狼、狗……等都是犬屬。）這張圖通常會與達爾文派理想化的「生命之樹」圖並列比較，後者呈現了演化可能的發展模式，一步步穩定地拓展分枝，新的屬慢慢出現。

## 警告
### 此為誤導圖

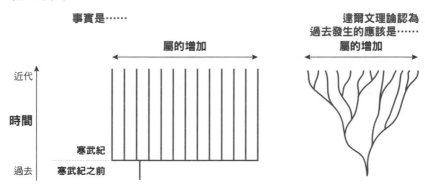

事實是……
屬的增加

達爾文理論認為
過去發生的應該是……
屬的增加

近代

**時間**

寒武紀

過去　寒武紀之前

　　第一張圖指出寒武紀期間，突然出現許多新的屬。寒武紀的生物「大爆發」讓一百多年間的生物學家百思不得其解，連達爾文也在《物種源起》（*On the Origin of Species*）一書中提到自己的困惑，特別是寒武紀之前的化石紀錄很少，進一步強化了生物突然在寒武紀變得極為多元化的説法。神創論者宣稱：「在此地質年代，許多結構複雜的動物首次以完整形態出現在地球上，沒有任何證據指出牠們有演化上的祖先。新的生命體爆發式出現，令人驚嘆……這就是造物主創造萬物的最佳證明。」[15]

　　然而，「大爆發」之説和神創論者瘋傳的圖表都誤導了世人。現代科學家握有的化石紀錄，遠比達爾文時代更加完整，因此他們偏好「寒武紀生物多樣化發展期」一詞（Cambrian diversification），而不喜歡稱之為大爆發。寒武紀期間的確出現很多新的屬，但它們並非眨眼之間誕生。寒武

紀距今5億4,500萬年前到4億9,000萬年前，長約5,000萬年。要是我們稱此為大爆發，那它根本是慢動作爆發。

史蒂芬・邁耶（Stephen C. Meyer）等神創論者儘管意識到現實狀況與他們的說法不符，仍堅持用那張圖表佐證自己的論點，只是把大爆發縮短到寒武紀第三期，即阿特達板階（Atdabanian），約莫距今5億2,100萬年前到5億1,400萬年前，也就是增加最多屬的時期。邁耶表示：「唯有智能才會創造新資訊，因此寒武紀期間遺傳資訊爆增的現象，強力證明動物生命來自充滿智慧的設計，而不是毫無方向且盲目的物競天擇過程。」[16]

以「爆增」來說，700萬年依舊是段十分漫長的時間；就連我們人類，也只出現了30萬年左右。但這不是唯一的漏洞。《演化：看看化石怎麼說，以及為什麼有所謂！》（*Evolution: What the Fossils Say and Why It Matters*）一書作者，洛杉磯西方學院古生物學家唐納・普瑟羅（Donald R. Prothero）認為，我們該看的是更詳細的前寒武紀與寒武紀比較圖（請見右頁圖），並解釋道：

> 如今我們已經知道，地球生命的多元化發展經歷數個明確階段：從35億年前第一個細菌化石，7億年前第一個多細胞動物（埃迪卡拉動物群〔Ediacara fauna〕），5億4,500萬年前寒武紀初期（內瑪基特—達地尼安階〔Nemakit-Daldynian〕和托摩蒂安階〔Tommotian〕）的第一個骨骼化石（小殼動物群的迷你碎片，暱稱為「小殼群」），到5億2,000萬年前的寒武紀第三期阿特達板階，這時我們首次發現大一點的硬殼動物化石，比如三葉蟲。[17]

瞧瞧右頁圖：右邊的紅色長條呈現屬的多樣化發展。長條一直緩慢增加長度，並非突然激增。這種持續增加的模式早在寒武紀之前就已開始，並在波托米階（Botomian）發生大量生物滅絕事件才停止，駁斥了「許多

結構複雜的動物突然以完整形態出現在地球上，沒有任何演化祖先」的說法。如果你想相信「智慧的造物主」真的存在，當然可以，但你不該忽略現實。

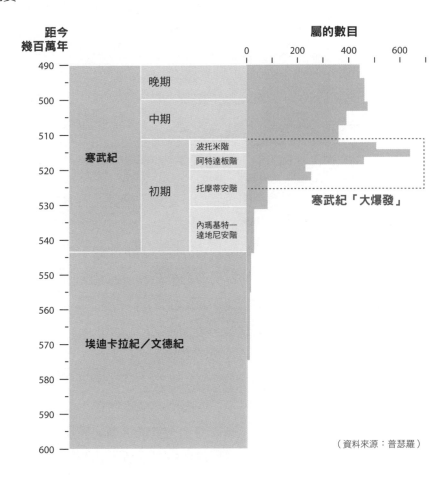

（資料來源：普瑟羅）

## 別過度詮釋圖表的意義

此刻想必讀者已明白，我們可以讓圖表說出任何我們想要它們說的話——但只到某個程度而已。我們可以控制圖表的編製方式、圖表呈現的資訊多寡，最重要的是，我們可以決定如何解讀圖表呈現的模式。詼諧

的「虛假的相關性」網站（Spurious Correlations）提供了下面兩張圖，編製者泰勒・維根（Tyler Vigen）出版了一本與網站同名的著作：18

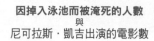

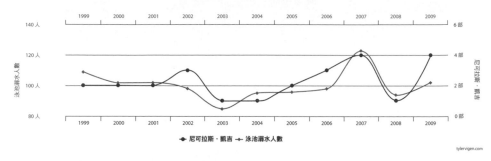

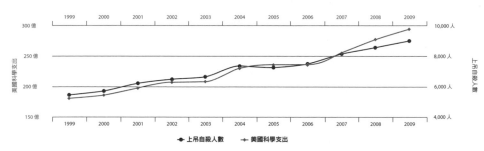

　　我首次造訪維根的網站時，想到一個更合適的名稱：「虛假的**因果**關係」（spurious causations），只是恐怕沒那麼吸引人。每年在泳池溺斃的人數，的確隨影星尼可拉斯・凱吉（Nicolas Cage）每年的電影數目增減。雖然雙縱軸的圖表有其危險性——我們在第二章就看到，我們可以任意截斷某個區間，讓曲線呈現我們想要的坡度——但數據就是數據，它們視覺化後的圖像並沒有問題。

　　有問題的不是相關性，而是我們可能以為這兩個變項有「共變」關係（covariation）：尼可拉斯・凱吉出演的電影愈多，是否真會讓同年度的

泳池溺斃案增加？也許觀賞尼可拉斯‧凱吉的電影，會讓人們更想去游泳池游泳，因此溺斃風險隨之高升？至於第二張圖，我就讓讀者自行想像美國科學支出和上吊自殺案件的因果關係吧。如果你喜歡黑色幽默，一定會獲得不少樂趣。

---

注釋：

1.　出自John W. Tukey, *Exploratory Data Analysis* (Reading, MA: Addison-Wesley, 1977).

2.　若想進一步了解，請見：Heather Krause, "Do You Really Know How to Use Data Correctly?" DataAssist, May 16, 2018, https://idatassist.com/do-you-really-know-how-to-use-data-correctly/.

3.　最出名的混合悖論就是辛普森悖論（Simpson's paradox）：Wikipedia, s.v. "Simpson's Paradox," last edited January 23, 2019, https://en.wikipedia.org/wiki/Simpson %27s_paradox.

4.　數項研究顯示類似的存活率，比方來說，讀者可參考：Richard Doll et al., "Mortality in Relation to Smoking: 50 Years' Observations on Male British Doctors," *BMJ* 328 (2004): 1519, https://www.bmj.com/content/328/7455/1519.

5.　書中出現的此類圖表，線條都經過修飾。實際上卡普蘭—梅耶圖中的線條是呈現階梯狀。

6.　Jerry Coyne, "The 2018 UN World Happiness Report: Most Atheistic (and Socially Well Off) Countries Are the Happiest, While Religious Countries Are Poor and Unhappy," Why Evolution Is True (March 20, 2018), https://whyevolutionistrue .wordpress.com/2018/03/20/the-2018-un-world-happiness-report-most-atheistic-and-socially-well-off-countries-are-the-happiest-while-religious-countries-are-poor-and-unhappy/.

7.　"State of the States," Gallup, accessed January 27, 2019, https://news.gallup.com/poll/125066/State-States.aspx.

8.　Frederick Solt, Philip Habel, and J. Tobin Grant, "Economic Inequality, Relative Power, and Religiosity," *Social Science Quarterly* 92, no. 2: 447–65, https://onlinelibrary.wiley.com/doi/pdf/10.1111/j.1540-6237.2011.00777.x.

9.　Nigel Barber, "Are Religious People Happier?" Psychology Today, November 20, 2012, https://www.psychologytoday.com/us/blog/the-human-beast/201211/are-religious -people-happier.

10.　Sally Quinn, "Religion Is a Sure Route to True Happiness," *Washington Post*, January 24, 2014, https://www.washingtonpost.com/national/religion/religion-is-a-sure-route-to-true-happiness/2014/01/23/f6522120-8452-11e3-bbe5-6a2a3141e3a9_story.html?utm_term=.af77dde8deac.

11.　Alec MacGillis, "Who Turned My Blue State Red?" *New York Times*, November 22, 2015, https://www.nytimes.com/2015/11/22/opinion/sunday/who-turned-my-blue-state-red.html.

12.　「從數據看世界」網站, Max Roser, accessed January 27, 2019, https://ourworldindata.org/.

13.　Richard Luscombe, "Life Expectancy Gap between Rich and Poor US Regions Is 'More Than 20 Years,'" May 8, 2017, Guardian, https://www.theguardian.com/inequality/2017/may/08/life-expectancy-gap-rich-poor-us-regions-more-than-20-years.

14.　Harold Clarke, Marianne Stewart, and Paul Whiteley, "The 'Trump Bump' in the Stock Market Is Real. But It's Not Helping Trump," *Washington Post*, January 9, 2018, https://www.washingtonpost.com/news/monkey-cage/wp/2018/01/09/the-trump-bump-in-the-stock-market-is-real-but-its-not-helping-trump/?utm_term=.109918a60cba.

15.　紀錄片《達爾文的困境：寒武紀化石紀錄之謎》(*Darwin's Dilemma: The Mystery of the Cambrian Fossil Record*) 的內容，可參考：Stand to Reason: https://store.str.org/ProductDetails.asp?ProductCode=DVD018

16.　Stephen C. Meyer, *Darwin's Doubt: The Explosive Origin of Animal Life and the Case for Intelligent Design* (New York: HarperOne, 2013).

17.　Daniel R. Prothero, *Evolution: What the Fossils Say and Why It Matters* (New York:Columbia University Press, 2007).

18.　http://www.tylervigen.com/spurious-correlations.

結論
# 別用圖表自欺（或欺人）

　　若讀者有機會拜訪倫敦，欣賞那些輝煌知名的景點，諸如西敏寺、國會大廈和大笨鐘後，不妨往東走過西敏橋，再往右轉，前往聖湯瑪士醫院（St. Thomas' Hospital）。你會看到有座小巧可愛的博物館被夾在高大的建築物之間，那就是佛蘿倫絲‧南丁格爾（Florence Nightingale）紀念館。

　　南丁格爾的成就含括公衛、護理、統計、圖表編製等專業，在歷史上一直是備受敬愛但也頗受爭議的人物。她懷抱虔誠的一神信仰，認為行善不因受教派限制。雖然來自富裕家族，但她違背家人的期待，很早就決定獻身醫療界，照顧貧窮和需要幫助的人。不只如此，她也熱愛科學。她的父親用心栽培她，除了教她文理學科，也教她數學。有些傳記學家宣稱，南丁格爾之所以擁有「當代最優秀的分析才能」，歸功於父親的栽培。[1]

　　如果你採納了我的建議，真的拜訪倫敦的南丁格爾博物館，請花點時間仔細審視那兒展示的眾多文件和書籍。其中有張特別的圖表[2]（請見下頁），必定會令你印象深刻。

　　它是我最喜愛的圖表之一。雖然它的設計未臻完美，但仍是個涵蓋數項圖表原則的優秀範例。現在容我與各位聊聊此圖的歷史背景。

　　1853年10月，以現代土耳其為中心的鄂圖曼帝國向俄羅斯帝國宣戰。英國和法國在1854年3月參戰，與土耳其／鄂圖曼並肩對抗俄羅斯，後世稱這場戰役為克里米亞之戰（1853~1856）。戰爭起因很複雜，主要是俄羅斯帝國欲擴張領土，並保護巴勒斯坦地區的少數基督徒——俄羅斯東正教與羅馬東正教的信徒；當時巴勒斯坦地區位在鄂圖曼帝國境內。[3]

　　數十萬士兵先後陣亡。死亡率高得令人心驚膽顫：每5名軍士就有1人

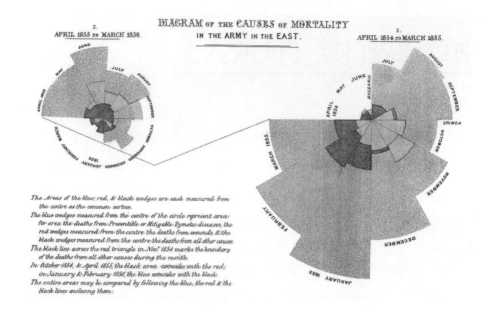

死亡，而且絕大多數並非在戰場上受了重傷而亡，而是死於痢疾和傷寒。當時人們尚不知如何治療這些傳染病，只能靠補充水分、良好飲食、在乾淨的地方休息等方式緩解病況。還要再等20年，病原菌學說才會出現。

戰場主要是黑海北岸的克里米亞半島。受傷或生病的英軍被送往土耳其，但許多人熬不過穿越黑海的旅程，在抵達前就已死亡。如果他們有幸撐下來，則會被送到斯庫塔里（Scutari，又稱于斯屈達爾〔Üsküdar〕，位於現今伊斯坦堡）的醫院，但那兒的病患人數早已超過負荷，環境骯髒，虱子遍布，設備不足，情況堪慮。波士頓大學的研究人員形容：「斯庫塔里的那幾間醫院都稱不上真正的軍醫院，充其量只是所謂的傷寒病房，主要用來隔離發燒病患和其他健康的軍士。被送到這兒的士兵，多半未能康復，難逃一死。」[4]

曾有安排醫院補給經驗的南丁格爾，自願前往斯庫塔里的軍營醫院（Barrack Hospital）擔任義工。這座醫院由一整排兵營改建因而得名。1854年11月，南丁格爾和一群護士抵達此地，在這兒工作了將近兩年。她

不畏軍方和外科醫療組織反對，全力推動改革，整理所有病歷和活動紀錄，改善醫療環境，解決過度擁擠的問題，要求支援更多補給品，同時提供病患精神支持。

與坊間傳言描述的相反，南丁格爾抵達當地後，死亡率一開始仍舊往上攀升，1854-1855年的冬季期間才逐漸下降。近年歷史學家分析背後的原因，認為儘管南丁格爾提升了清潔度，但通風與衛生方面的進步有限。她比較在乎的是病患的個人衛生，而不是環境衛生。₅

英國政府擔心受傷與生病士兵身陷惡劣的醫療環境，而且民眾透過媒體報導得知軍士駭人的死亡率，進一步帶來輿論壓力，因此英國政府派了數個委員會前往戰區，其中一個負責補給品，另一個專門處理衛生問題。1855年3月，衛生委員會正式運作。請讀者記住這個時間點。

南丁格爾支援新抵達的衛生委員會，而委員會發現斯庫塔里的軍營醫院坐落在一個污水坑上方，而且建築物的排水道都有阻塞問題，有些水管被動物屍體塞住了。委員會下令清理排水管，改善通風設備，有系統地處理廢棄物。自此之後，當地所有醫院的衛生情況大大改善，全都歸功於這些措施。₆

南丁格爾在斯庫塔里工作時，並沒有察覺到軍營醫院的死亡率，遠高過其他同樣醫治士兵的醫院。有些護士注意到，傷患在前線進行截肢手術的存活率比送到醫院再截肢的高，但他們以為這是因為前線士兵「充滿精力，足以承受痛苦與疲憊，而後來才在醫院截肢的士兵則是因為受苦太久而筋疲力盡。」₇

南丁格爾回到倫敦後，與威廉・法爾（William Farr）等數名統計學家合作，分析衛生委員會的成效。此時，她才明瞭克里米亞戰爭死亡率過高的真正原因而感到震驚。法爾是醫療衛生方面的專家。當時，衛生科學在醫界頗受爭議；一般醫生相當擔心要是人們認為衛生與通風遠比醫學更重要，他們的職業與地位就會不保。令這些醫生沮喪的是，南丁格爾的數據顯然證明了環境衛生的重要性。讀者接下來看到的是堆疊長柱圖（stacked bar graph）——每個長柱都由不同顏色的長方形堆疊而成，加起來就是當月的死亡人數——呈現了這場戰爭的完整死亡數據。注意一下，1855年3月後，整體死亡人數和死於疾病的人數都同步下降：

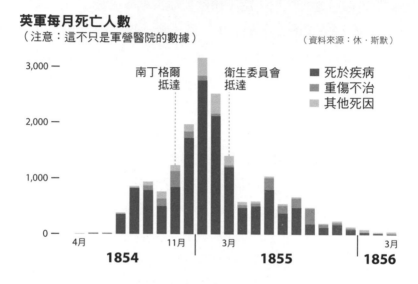

**英軍每月死亡人數**
（注意：這不只是軍營醫院的數據）　　　　　　　　　（資料來源：休．斯默）

死亡率急劇下降也許無法全歸功於醫院的衛生情況改善了，但南丁格爾深信即使這**不是唯一**原因，也必是其中一項主要因素。 8南丁格爾日夜苦思，如果早點改善衛生與通風條件，不知還能救下多少人命。於是她決定將餘生奉獻給醫療照護與改善公共衛生，直到在1910年閉目辭世。

讓我們回到南丁格爾製作的圖表。她喜歡把它稱作「楔形圖」（Wedges）。南丁格爾從戰區回到英國後，利用自身知名度在軍醫院推動行政改革。她指出英軍忽視步兵的健康與福祉，然而軍隊的最高指揮部並不同意她的說法，否認所有責任，抗拒改變。維多莉亞女王雖同情軍方的難處，但還是批准成立一支皇家委員會，專門調查克里米亞與土耳其的慘劇。南丁格爾也參與了皇家委員會的調查。

南丁格爾支持法爾推動全面的衛生改革，「鼓吹撥出公共經費，洗刷排水道，提供家戶乾淨水源，改善建築物的通風條件」， 9她的目標不只是說服軍方，也希望最終能說服整個社會推行這些措施，因此她不只向委

員會報告，也在民間透過文字、數字和圖表，印刷書籍與手冊，努力推廣衛生觀念。南丁格爾編製的各種圖表中，最出名的莫過於196頁所示的楔形圖。雖然它呈現的數據和堆疊長柱圖一樣，但視覺效果更加吸睛，令人看過一眼就銘記在心。

　　楔形圖有兩個一大一小的圓形，都以順時鐘方向排列。這兩個圓形各由不同大小、代表各月分死亡人數的扇形組成。下圖中右邊的大圓（1），呈現1854年4月至1855年3月的數據，衛生委員會在最後一個月抵達戰區。左邊的小圓（2）呈現1855年4月至1956年3月的數據。

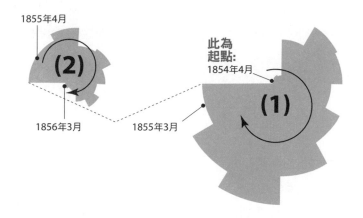

　　每個月由3個扇形組成，靠圓心的部分區域彼此重疊，而不是互相堆疊。每個扇形區都從圓心開始，分別呈現了3項死因：疾病、重傷，或其他。拿1855年3月來說，代表3項死因的區塊如下：

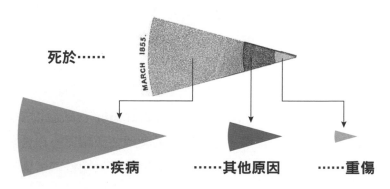

　　為什麼南丁格爾要用那麼新奇的方式呈現數據？為什麼不用簡單明瞭的堆疊長柱圖？或者依不同死因分別繪製折線圖呢？歷史學家休‧斯默（Hugh Small）指出，當時英國政府首席醫療官約翰‧賽門（John Simon）宣稱，沒有任何方法可以避免士兵死於疾病與傳染病，而他就是南丁格爾的目標讀者之一。南丁格爾必須證明他是錯的，強調衛生委員會抵達前後的死亡趨勢差異甚大，令人吃驚，因此她把兩年期間分成兩個圓形，再以虛線連接，藉此呈現死亡人數下降的速度多麼明顯。第一個圓是衛生委員會抵達前的死亡數據，面積很大；而第二個圓顯然縮小很多。

　　不過我進一步猜測，她的目標不只在提供資訊，同時也想藉由一張吸睛、獨特又美麗的圖表**攻克**所有讀者的心。長柱圖能傳達同樣的訊息，但無法吸引人們的目光，留下深刻的印象。

## 三大製圖原則

　　南丁格爾的楔形圖聞名世界，而它背後的故事提醒我們要隨時謹記圖表判讀原則。第一條也是最重要的原則，我已在第三章解釋過，那就是：**一張值得信賴的圖表，首要原則就是使用可靠的數據。**

　　南丁格爾使用的是當時最完整的公開數據，耗費數年搜集與分析，才公布於世人面前。

　　南丁格爾楔形圖體現的第二個原則則是：圖表是一種視覺論述，但單憑圖表本身並不夠。南丁格爾的圖表總是印在報告或書籍中，配上文字解釋資料來源，同時提供其他可能的闡釋，最終做出結論。正如卡羅林斯卡學院（Karolinska Institute）的醫師及公衛統計學家羅斯林說的：「沒有數字，我們就無法了解世界。然而，我們也無法單從數字去了解世界。」[10]

　　資訊傳播和政治宣傳的不同之處在於是否詳盡地呈現資訊。政治宣傳企圖透過簡化資訊來形塑公眾意見，只強調支持特定論點的資料，刪去駁斥的部分。南丁格爾和她的團隊先一絲不苟地建立長期資料，以實證為基

礎提出論點，再強力宣揚公衛改革的必要性。他們試圖以道理說服世人。

　　第三項原則是，數據與圖表足以拯救性命，改變世人的想法。它們不只會改變他人的想法——比如南丁格爾以圖表為工具，說服社會改變——但也能扭轉**你本身的想法**。這就是我欽佩南丁格爾最重要的原因。戰爭結束後，深沉的罪惡感吞沒了她，因為數據顯示在她的照護下，仍有成千上萬名士兵不幸喪命，未能及時救回。因此她決心起身行動，奉獻一生只為避免同樣的過錯在未來重演，引發又一次的災難。

　　恐怕唯有最誠實且最明智的人才會依照新增的證據，適時調整自己的看法。這些人試圖透過最合乎道德的途徑，妥善運用現有資訊。我們應努力向他們看齊。

## 避免落入「合理化」的誤區

　　圖表可以幫助我們**推理**，也能被當作**合理化**的工具。然而人類的弱點使然，我們會傾向採取後者而非前者的作法。我們對某一主題已有定見時，特別容易截取圖表呈現的部分證據加以扭曲，想辦法讓它符合我們的世界觀。我們很少認真思考圖表揭露的事實，再依此調整世界觀。

　　推理與合理化都透過類似的思考機制進行，這就是為什麼人類容易混淆二者。它們的基礎都是從現有證據或假設為起點進行推論（making inferences），找出新的資訊。

　　人腦有時會做出符合現實的合理推論，但也可能違背現實。我們在前幾章看到一幅圖表，指出各國吸菸量與平均餘命有正相關。如果我們對此議題不夠了解，或者很想合理化自己的抽菸習慣，那麼看到這些資訊（「吸菸量多寡」和「壽命長短」）後，很可能會斷定吸菸有助延年益壽。想像一下，我是個老菸槍，然而媒體、朋友和親人一天到晚耳提面命，堅持香菸會讓我短命，令我厭煩不已。如果這時出現一張圖表暗示吸菸會讓人長壽，那我會一手抓住它，捍衛自己的行為。這就是合理化。

合理化是人腦的預設模式。討論此議題的文獻多不勝數，還有數十本暢銷書解釋心理偏誤如何讓我們誤入歧途。我最喜歡的一本是卡蘿·塔芙瑞斯（Carol Tavris）和艾略特·亞隆森（Elliot Aronson）寫的《錯不在我？》（*Mistakes Were Made (but Not by Me)*）。塔芙瑞斯和亞隆森提出「選擇金字塔」（the pyramid of choice）的譬喻，解釋人類信念的產生過程，以及我們如何合理化這些信念，進而抗拒改變，簡直就是一場惡性循環。

想像兩個學生本來對考試作弊都沒有強烈意見，既不特別反對，也不鼓勵。有天在考試時，兩人都起了作弊的念頭。結果一個真的作弊了，一個沒有。塔芙瑞斯和亞隆森認為，如果我們接下來再次詢問兩位學生對作弊的看法，必會注意到明顯的改變：力抗欲望、沒有作弊的學生會義憤填膺地反對作弊，而那個臣服於誘惑的學生則會說作弊沒那麼可惡，或者試圖合理化自己的行為，宣稱為了獎學金，他不得不這麼做。兩位作者進一步表示：

> 兩個學生的內心經歷一番愈來愈激烈的自我辯解後，會發生兩件事：首先，原本立場相同的兩位學生，現在看法大不相同；第二，他們內化了自己的信念，深信自己對作弊的立場始終如一，沒有因為考試而改變。這就好像兩人以金字塔頂端為起點，原本彼此相距不過毫米之差；但當各自捍衛自己的行為後，兩人已從頂端滑到了金字塔底部，站在與原本位置完全相對的角落。

人類心理在此過程中進行了數項運作。人類痛恨不一致，而且多半對自己有很高的評價。任何可能傷害自身形象的事物，都會對我們造成威脅（「我是個好人，所以作弊絕不是件差勁的事！」）。因此我們藉由合理化自己的行為，減少認知與行為不一致所帶來的威脅（「每個人都會作弊，而且作弊又沒有傷害到別人！」）。

　　如果我們後來發現作弊的確傷害到別人（比如說作弊者贏得獎學金，代表更有資格取得獎學金的人最後什麼也拿不到），大部分的人都不會接受事實並改變自己的觀點，反而會拒絕面對，或者以符合自身信念的方式扭曲現實。這來自於我們人性中兩個彼此相關的特色，那就是確認偏誤和動機性推理（motivated reasoning）。心理學家蓋瑞・馬庫斯（Gary Marcus）寫道：「確認偏誤是一種自動化習慣，讓我們一眼就注意到符合自身信念的資料數據；動機性推理則與確認偏誤互補，也就是說，當我們不喜歡某個想法，就會比平時更挑剔地找它的漏洞。」[11]

　　強納森・海德特（Jonathan Haidt）所寫的《好人總是自以為是》（*The Righteous Mind*，2019年3月大塊文化出版）、雨果・梅西耶（Hugo Mercier）及丹・斯佩柏（Dan Sperber）合著的《理性之謎》（*The Enigma of Reason*）都探討了認知失調、確認偏誤和動機性推理三者間的關係。這些書認為，傳統以為人類的推理機制是先搜集資訊，加以消化與評估，最後再依此形塑信念，但實情剛好相反。

　　這幾位作者所描述的人類推理過程，和傳統看法大不相同。當一個人獨自推理，或者一群具備相同文化背景或意識形態的人聚在一起推理，都容易淪為將自身的看法合理化：我們先形塑信念（團體成員早就共享特定信念，或者我們因為某些信念讓我們感到舒服而特別喜歡它們），接著透過思考**合理化**這些信念，並宣揚它的優點來**說服**別人，如果遇到持相反信念的人，我們就會想辦法**捍衛**自己的信念。

　　該如何躲開合理化的陷阱？南丁格爾的人生經歷提供了一些線索。克里米亞戰爭結束後，南丁格爾回到英國，此時她並不明白為何自己悉心照料，卻仍有那麼多的兵士回天乏術；她把這些不幸歸諸於補給品品質低劣或不足、官僚式的管理，或者被送到軍營醫院的兵士特別衰弱⋯⋯等各種原因。此時名聲大噪的她必須顧及自身名譽。各家報紙都刊登了她的肖像，把她描述為獨一無二的護士，在夜裡提著燈籠，來回於斯庫塔里醫院的長廊，照看在死亡邊界遊走的男子。她不只廣受歡迎，甚至在文字圖片

的渲染中披上了神祕的面紗。就算她屈服於合理化的魅力，為自己在克里米亞戰爭的所作所為辯護，我們也能理解。

但南丁格爾沒這麼做。相反的，她仔細研究數據，與數位專家合作，進行了漫長、激烈且誠實的討論，特別是法爾；他把一疊又一疊的數據和證據拿給她看，指導她分析數據的技巧，解析如果醫院的環境衛生獲得改善，可能會救回更多人命。在法爾的幫助下，南丁格爾重新評估死亡率過高的原因，並用新數據加以驗證。

南丁格爾的親身經驗帶給我們的教訓是，人類很難單靠一己之力進行公正的推理；如果我們身邊都是想法相近的人，更難保持客觀。也許這令人難以接受，但事實就是如此。我們推理時很容易掉入合理化的陷阱，因為人類習於利用論點提升對自我品德的評價。最糟糕的是，愈聰明、握有愈多資訊的人，就愈擅長合理化。一方面，比較聰明且掌握較多資訊的人，對同一團體（政黨、教會等）成員的思考模式更加敏銳，總會試圖與他們站在同一邊。另一方面，當我們得知某看法且不知道它出自何處時，我們才能以比較公正的態度，評判此看法的優劣。

合理化是我們與自己或相同想法的人所進行的對話。相反的，推理是誠實而開放的討論，我們試圖說服那些不一定與我們意見相同的人，盡全力拿出站得住腳、前後一致、詳盡的論點，同時也敞開心胸聆聽別人的看法，抱持樂於被說服的態度。

我們不一定要面對面才能這麼做。南丁格爾與數位專家多半都透過書信溝通。當你仔細閱讀一篇論文、文章，或一本書，你就在與作家對話。同樣的，如果你寫了一本書，你會期待讀者不只被動吸收你寫下的文字，而是認真思索書的內容，提出建設性的批評，或進一步延伸書中的論點。這就是為什麼我們必須平衡地吸收各方各派的資訊，精心挑選一系列新聞媒體（我在第三章提過這項建議）。我們在乎飲食品質，同樣的，我們也該慎選供給腦部能量的養分。

我們的合理化論點多半經不起考驗，前後不一致，或者含糊不清。你可

以自我檢驗一下。找個與你意見不同的對象，向他解釋你為何抱持與他不同的信念，為何你如此堅持自己的看法。你得盡量避免引用權威（「這本書、這名作者、科學家、思想家，或電視主持人這麼說……」），也不要訴諸自己的價值觀（「我是開放的左派，所以……」）。

　　你該做的是一步步建立論點，小心串起一個個推理的鍊環。你很快就會發現，我們最根深柢固、最珍視的信念，其實都建立在搖搖欲墜的骨架上。這會讓人懂得謙卑，因為我們終於明白，不用害怕承認自己「不知道」。絕大多數的情況下，我們真的不知道。

　　當你發現某人的看法錯了，思想界的專家建議我們透過上述方法，讓對方發現自己的錯誤。[12]不要拋出各種證據淹沒他們，這會造成反效果，引發一連串可怕的認知失調、動機推理和確認偏誤。許多實驗顯示，當我們讓一群意見相左的人聚在一起，不讓他們知道彼此的背景與資訊（這可能會引發內團體防衛直覺），請他們以彼此平等的立場展開對話，人們往往會展現比較中庸的態度。與他人爭論時，你必須以興致盎然的態度聆聽別人的信念，同理他們的感受，並請他們詳細解釋。這不只對你有幫助，也有助於他們意識到雙方的資訊落差。錯誤信念的最佳解毒劑，並不是真實可靠的資訊，而是懷疑與不安。發現自己的信念有漏洞，我們才會願意吸收真實資訊。

## 做個負責任的訊息傳播者

　　圖表有條有理地呈現資訊，具備很強的說服力，可以在對話中扮演關鍵角色。2017年的一篇論文中，政治科學教授布蘭登·奈恩（Brendan Nyhan）和傑森·瑞夫勒（Jason Reifler）描述了3個圖表消除誤解的實驗。[13] 2003年美軍入侵伊拉克，而布希政府在2007年宣布，為了因應多起傷害士兵與平民的造反攻擊事件，大幅增派美軍部隊前往伊拉克。當年6月起，傷亡人數逐步降低。

　　派遣大量美軍駐紮伊拉克，究竟有沒有用？民眾意見嚴重分歧。據奈恩與瑞夫勒的說法，70%的共和黨人士認為增派軍士改善了伊拉克的情況（情況的確改善了），但只有21%的民主黨人士也這麼想。令人擔憂的是，有31%的民主黨人士認為增派軍士反而加重暴力與人員傷亡，讓情勢更加惡化。

　　奈恩和瑞夫勒把實驗參與者分為3組，一組希望美軍留在伊拉克，一組希望美軍撤退，最後一組則是沒有明確看法的人。接著，他們給受試者看這張圖：

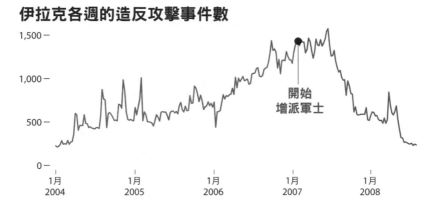

伊拉克各週的造反攻擊事件數

　　看到這張圖後，認為增派兵士毫無效用或進一步增加攻擊次數和傷亡的人數減少了。那些原本反對美國占領伊拉克的人出現最明顯的變化。這張圖表並沒有改變每個人的想法，但它的確減輕了某些人的誤解。奈恩和瑞夫勒另外做了2場實驗，給受試者看歐巴馬執政時期的就業市場圖表（原本有許多人不相信失業率在此期間大幅下降，特別是共和黨人士）和氣候變遷圖表。這兩場實驗中，圖表都明顯降低（但並非消除）受試者的誤解。

　　奈恩和瑞夫勒的實驗結果呼應了本書主旨：**圖表會讓我們更聰明，促進有益的對話，但要達到此功效，必須滿足數項條件**。有些條件與圖表設計有關；有些則與讀者如何解讀圖表有關。俗諺說得好：「謊言有三種：

謊言，該死的謊言和統計數字。」據說這是英國政治家與作家班傑明‧迪斯雷利（Benjamin Disraeli）和馬克‧吐溫（Mark Twain）的名言。很遺憾，這句話廣受世人傳頌，但統計數字說的並不全是謊言；除非我們希望它們說謊，或者我們知識不足，無法讓它們吐實。絕大多數有問題的圖表並非心懷不軌，而是草率與無知的結果。

另一個條件是，身為圖表閱讀者的你我，必須**把圖表視為促進對話的工具**。大部分圖表無意終結對話，而是**開展對話**。一幅好圖表會幫助你找出一個問題的答案（比如：「增派部隊後，攻擊次數增加還是減少？」），然而圖表真正的功能在於激發我們的好奇心，促使我們提出**更好的問題**（比如：「那麼傷亡人數呢？」）。再回想一下南丁格爾的例子。她攤開所有證據，繪出那幅知名的圖表，建立完整而周全的論點，最終說服了她自己和共事者，由於忽略了環境衛生，以致許多人不幸死亡，人們必須起身改變。然而數據和圖表本身並沒有告訴我們該怎麼做，它們只是論述的一部分。

這連結到另一個判讀圖表的條件，遵守它，圖表才會讓我們更睿智：**圖表只呈現表面內容，我們必須謹守此項原則，千萬別過度解讀**。奈恩和瑞夫勒的圖表呈現增派部隊後，攻擊次數明顯減少，但也許後來的攻擊更致命，以致次數減少，受害人數卻增加了──這並非事實，但有可能發生，因此我們必須檢視其他證據，才能討論增派兵士到伊拉克的效果究竟為何。

我認為我們還能從南丁格爾的例子學到一個教訓：**使用圖表的初衷為何很重要**。

如果說人類與其他動物真有差別，那就是我們具備研發科技的能力，不管是實體或概念，我們都能想辦法創新，而且這項能力還擴展到身心層面。有了輪子和翅膀，人類移動得更快；有了眼鏡、望遠鏡和顯微鏡，我們得以看得更清楚；有了印刷媒體和電腦，我們享有更可靠的記憶力，得以深入鑽研知識；貨車、起重器和竿子讓我們更強壯；口說與文字語言以

及各種溝通與傳播工具，讓我們得以更有效率地溝通。除此之外還有太多、太多的實例，證明了人類是與機械共存的物種。我們具備天馬行空的想像力，並且進一步將想法塑造成形；要是沒有這些工具和器械，人類根本難以生存。

　　有些科技宛如腦的義肢，有助增廣我們的智慧。哲學、邏輯、修辭學、數學、藝術，還有各種科學方法，承載了我們的夢想、好奇與直覺，引導它們創造生產力。這些都是概念工具，圖表也是其中之一。好的圖表揭露藏在數字中的訊息，拓展我們的想像力，強化我們的理解。

　　除了延伸了我們的肢體或感官，工具也有道德層面的功能。工具向來都不是中立的，因為它們的設計和潛在功能並不中立。創造工具的人身負重責大任，必須考量新工具的潛在後果，如果可能會造成負面影響，就必須適度修改。與此同時，使用任何工具的人也必須盡力遵守道德倫理。舉個例子，下面是個鐵錘。

　　鐵錘的**功能**是什麼？它可以釘釘子，可以建造房屋、穀倉、棚屋，也能搭建遮風避雨的牆，保護人們、收成及牲畜，進而預防世上貧苦的地方發生飢荒或其他災害。同樣的，圖表可以幫助我們了解，與人溝通，傳遞資訊，促進對話。

　　然而，這把鐵錘也有完全相反的用途：摧毀房屋、穀倉、棚屋和牆面，讓它們的所有者陷入飢荒與苦難。一旦發生戰爭，它還能充當防身或殺人的武器。同樣的，圖表也是人類握有的一項技術工具，它也能阻礙人

們理解、體諒彼此，誤導我們自己和其他人，也能成為對話的絆腳石。

　　我們身邊散布著被有心人士刻意扭曲、虛構的資訊，這是場無休無止的軍備競賽。人類每個世代都出現更新的科技，和利用新科技做政治宣傳的專家。1930~1940年代，握有新聞印刷、無線電和電影等科技的納粹組織，到處散播恐懼、仇恨、戰爭和種族屠殺等思想。美國大屠殺紀念博物館（United States Holocaust Memorial Museum）出版數本以納粹政治宣傳為主題的書籍，14讀者有機會的話不妨讀一讀，也可以在網路上搜尋相關資訊。在現代人眼中，納粹製作的文宣既簡陋又粗糙，毫無說服力。過去的人怎會相信那些胡言亂語呢？

　　事實上，人們可以用非常高超的手段，也能用極為低劣的方式扭曲資訊，端看社會氛圍而定。執筆至此，我湊巧得知一系列令人恐慌的新型人工智慧，可以巧妙變造影音檔案。15比方來說，只要先把歐巴馬或尼克森的演說資料輸入電腦，進行分析並加以訓練，接著你再錄一段自己的演說，軟體就能把你的聲音變成這些美國總統的聲音。現在我們也能透過科技以類似方式變造動態影像：錄一段你做鬼臉的影片，讓軟體測繪你的表情資訊，它就能套用在他人臉上，讓他們做出一樣的表情。

　　雖然對科學家、數學家、統計學家和工程學家來說，數據和圖表稱不上嶄新科技，但許多民眾卻如此相信，認為數據和圖表揭露了真相。這讓政治宣傳者和騙子有機可乘，而我們只能不斷教育自己，隨時保持警覺，謹守道德界線，以真誠的態度與人對話，這就是自我防衛的最佳手段。我們活在一個數據與圖表無所不在、備受推崇的時代，因為人人都能透過網路傳播它們，尤其是透過社群媒體。我們每個人傳播的資料與圖表，都能觸及數十人，甚至數百、數千或數萬人。

　　我的推特帳戶有將近5萬名追蹤者，因此我時時保持警醒，分享資訊時格外謹慎。如果我一時粗心大意，發布某個會誤導人們的消息，很快就會被許多追蹤者看到。事實上，我還真出過幾次洋相，只能急急忙忙公開更正，並聯絡所有轉發的人。16

我們記者常說，咱們這一行最重要的原則就是「確認查證」。我認識的大部分記者與編輯都非常重視確認查證，不過總是有進步的空間。在這個時代，確認查證原則不該僅限為記者的道德規範，而該擴展為全民有責，人人在公開分享資訊之前，都得先確認一項看起來、聽起來很正當的資訊是否無誤，攜手維護資訊生態和公共演說的品質。我們握住鐵錘時，會直覺地提醒自己小心，盡量把它用在建設，而不是帶來毀滅或傷害。如今，錯誤資訊和假新聞已經讓社會生病了，我們得拒絕做它們的推手，深刻省思如何正確使用圖表與社群媒體，成為社會免疫系統的一分子。

## 好的圖表會讓你更聰明、更快樂

1982年7月，知名演化生物學家和暢銷書作家史蒂芬・傑・古爾德（Stephen Jay Gould）確診腹膜間皮瘤，這是一種因接觸石棉而引發的罕見癌症，無法治癒。他的醫生告訴他，病人確診後的餘命中位數是8個月。換句話說，一半的病人確診後不到8個月就過世，另一半則活超過8個月。古爾德以動人文筆記錄了這段歷程。他寫道：

> 對抗癌症的心態顯然非常重要。我們不知道為什麼……但整理得到相同癌症的病患，分析其年齡、社會階級、健康狀況、社經地位時就會發現，整體而言，態度積極、意志堅定且求生欲強烈的人……通常活得比較久。[17]

然而，當你發現和自己得了相同癌症的病患多半只能再活8個月時，要如何培養正向積極的態度呢？若你明白有時得知部分資訊遠比一無所知更糟糕，也許就能樂觀處事。古爾德翻閱醫療文獻時看到的病患餘命圖表，就類似右上這張虛構的卡普蘭—梅耶圖。

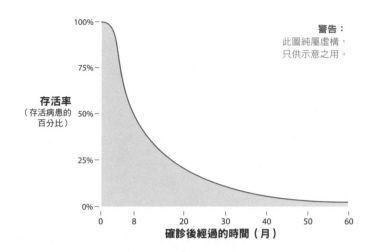

警告：
此圖純屬虛構，
只供示意之用。

存活率
（存活病患的
百分比）

100%

75%

50%

25%

0%

0　　8　　20　　30　　40　　50　　60

確診後經過的時間（月）

　　古爾德發現，雖說腹膜間皮瘤病患確診後的餘命中位數是8個月，但這並不代表**他**真能活那麼久。上圖之類的圖表所顯示的存活率一開始多半會急遽下降，接著坡度漸漸趨緩，形成一條向右延伸的長尾巴。

　　古爾德認為自己能成為那條長尾巴的一分子。很多因素會影響一名病患確診癌症後的餘命長短，包括你得知壞消息的年紀（相比之下古爾德年紀尚輕）、癌症發展階段（腫瘤大小，是原位癌或已轉移到其他身體部位）、整體健康狀況、有沒有菸癮、受到的照護品質與治療方式（古爾德接受積極實驗療法）……可能基因也有影響。古爾德認為自己在確診後8個月內不治的機率比較小。雖說確診後仍活很多年的病患人數非常少，但他屬於後者的機率比較大。

　　他是對的。古爾德於40歲確診腹膜間皮瘤，接下來又生龍活虎地活了20年。他獻身教育，寫了數十篇科普文章，也出了數本書，甚至完成了一本令人嘆服的專題著作《演化理論的架構》（*The Structure of Evolutionary Theory*），在過世前數個月成功出版。

　　古爾德謹慎評估各種可靠的數據與圖表後，變得更快樂、更睿智，也更有希望。我期望未來每個人都會像他一樣。

注釋：

1.　　Mark Bostridge, *Florence Nightingale: The Woman and Her Legend* (London: Penguin Books, 2008).

2.　　譯注：這幅舉世聞名的圖表分析了英國東征軍隊的死亡原因。右邊圖一呈現1854年4月~1855年3月各月分不同死因的死亡人數，左邊圖二則是1855年4月~1856年3月的數據，顯然圖二的死亡人數比圖一少了許多。圖中文字解釋道：「藍、紅、黑色的扇形區，都以圓心為頂點，涵蓋圓周到圓心的區塊，彼此重疊。圓心到藍色扇形區域面積代表死於可預防或可緩和的傳染性疾病的人數；圓心到紅色扇形區呈現因重傷而亡的人數；圓心到黑色扇形區則是死於其他原因的人數。1854年11月，紅色扇形區內的黑線，指的是當月因其他原因而死亡的人數。1854年10月，黑色扇形區與紅色扇形區相等；1856年1月和2月，藍色扇形區與黑色扇形區相等。沿著各藍、紅、黑扇形區，即可比較各死因的整體數據。」原彩色圖可參考：http://www. historyofinformation.com/image.php?id=851.

3.　　*Encyclopaedia Britannica Online*, s.v. "Crimean War," November 27, 2018, https://www. britannica.com/event/Crimean-War.

4.　　Christopher J. Gill and Gillian C. Gill, "Nightingale in Scutari: Her Legacy Reexamined," *Clinical Infectious Diseases* 40, no. 12 (June 15, 2005): 1799–1805, https://doi .org/10.1086/430380.

5.　　斯默，《來自南丁格爾的聲音：傳染病毒的全面省思》（*Florence Nightingale: Avenging Angel*）。2003年6月，希代出版，已絕版。

6.　　Bostridge, Florence Nightingale.

7.　　Hugh Small, *A Brief History of Florence Nightingale: And Her Real Legacy, a Revolution in Public Health* (London: Constable, 2017).

8.　　數據請見："Mathematics of the Coxcombs," Understanding Uncertainty, May 11, 2008, https://understandinguncertainty.org/node/214.

9.　　斯默，《來自南丁格爾的聲音：傳染病毒的全面省思》。

10.　《真確：扭轉十大直覺偏誤，發現事情比你想的美好》（*Factfulness: Ten Reasons We're Wrong about the World—And Why Things Are Better Than You Think*），漢斯·羅斯林、安娜·羅朗德、奧拉·羅斯林著，先覺出版，2018年7月。

11.　Gary Marcus, *Kluge: The Haphazard Evolution of the Human Mind* (Boston: Mariner Books, 2008).

12.　《知識的假象：為什麼我們從未獨立思考？》（*State of Deception: The Power of Nazi Propaganda*），史蒂芬·斯洛曼（Steven Sloman）、菲力浦·芬恩巴赫（Philip Fernbach）著，先覺出版，2018年7月。我看過的相關書籍中，這本寫得最好。

13.　Brendan Nyhan and Jason Reifler, "The Role of Information Deficits and Identity Threat in the Prevalence of Misperceptions," (forthcoming, *Journal of Elections, Public Opinion and Parties*, published ahead of print May 6, 2018, https://www.tandfonline.com/eprint/ PCDgEX8KnPVYyytUyzvy/full).

14.　舉個例：由斯洛曼與芬恩巴赫所寫的《知識的假象》。

15.　Heather Bryant, "The Universe of People Trying to Deceive Journalists Keeps Expanding, and Newsrooms Aren't Ready," http://www.niemanlab.org/2018/07/the-universe-of-people-trying-to-deceive-journalists-keeps-expanding-and-newsrooms -arent-ready/.

16.　我在個人網站「The Functional Art」解釋了自己的失誤，請見：The Functional Art: http://www.thefunctionalart.com/2014/05/i-should-know-better-journalism-is.html.

17.　Stephen Jay Gould, "The Median Isn't the Message," CancerGuide, last updated May 31, 2002, https://www.cancerguide.org/median_not_msg.html.

# 後記

今天是2020年5月3日星期日。我在一個螢幕上打這篇後記,同時另一個螢幕上顯示我的母國西班牙《國家報》(*El País*)網站一則關於2019 新冠病毒疫情的報導[1],文中列了數張表格、分布圖和各種圖表,如下圖。

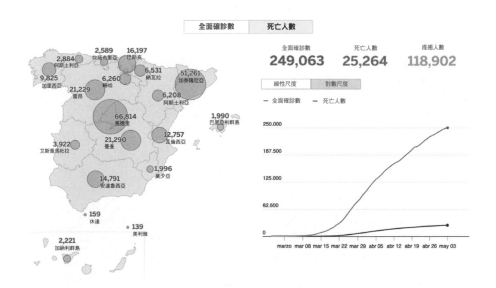

未來的歷史學家必會謹記2019新冠病毒大流行對人類造成的可怕後果。其他層面的影響相比之下也許沒那麼重要,但與本書關係密切。這是歷史上第一場視覺化的全球危機。不只如此,圖表在這次全球流行病扮演了關鍵角色,我認為已立下圖表史的新里程碑。

人們藉由圖表理解疫情,而且這種情況會繼續下去。正如我在此書提到的,它們有的能提供資訊,有的則會誤導世人,端看讀者是否謹慎小

心地判讀它們。欣賞圖表的優點並加以利用，同時承認其不足並努力改
善，是非常重要的技能。同樣的，此時隨處可見預測未來走向的外推模型
（extrapolation model），我們也必須了解它們都有不確定性。

　　我從2020年1月下旬開始關注新型冠狀病毒的消息。當時，我平日就
常關注的美國、英國、西班牙和巴西新聞媒體為了讓讀者了解這場公衛危
機的嚴重性，盡全力視覺化各種數字。

　　政府和教育機關也不遑多讓。比如約翰‧霍普金斯大學創設了冠狀病
毒中心，設計了視覺化的儀表板，即時提供完整全面的數據並隨時更新，
廣受民眾歡迎。₂白宮的記者會上也常出現各種圖表，明列確診病例、死
亡人數、已知測試結果、各種比率，以及數據的變動狀況。₃

　　民眾對圖像的渴求永無止境，而許多圖表也獲得廣大讀者的喜愛，有
些圖表描述當前疫情狀況，有的則預測未來發展。2020年3月20日，《華盛
頓郵報》網站發布了一系列視覺模擬圖，呈現不同控管措施下（從零控
管到全面落實社交距離），病毒散播的可能情況。₄這篇新聞很快就成為

《華盛頓郵報》網站成立後瀏覽量**最高**的文章。[5]疾病預防與管制中心設計了「拉平疫情曲線圖」後，網路上接連出現各種版本，讀者可能也見過一、兩張。這張圖描繪了萬一不採取控管措施，全球流行病會如何癱瘓一國的醫療體系。我預言，這張圖將成為歷史上最有代表性的視覺符碼之一。[6]

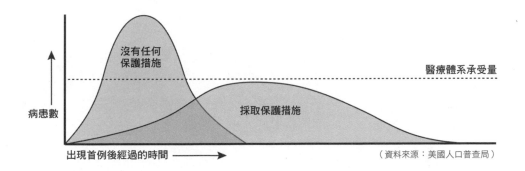

（資料來源：美國人口普查局）

　　圖表一躍成為主流，愈來愈多人愛看圖表，這我當然不會抱怨。畢竟我以製作圖表為生，也熱愛教導別人設計繪製圖表——這正是我寫下本書的初衷。我不只想讓讀者明白圖表藏有誤導世人的能力，也想讓大家知道，只要圖表的設計者和讀者都心懷尊重就能發現圖表的美好。當我透過社群媒體關注全球疫情的相關報導與圖表，並觀察閱聽者的反應時，我深刻體會到人們亟需這樣的一本書。

　　比如我看到有人批評對數尺度，而我在本書解釋了它們的功能。我相信人們**既需要**算術尺度，**也需要**對數尺度，才能真正明白疫情。算術尺度顯示確診總數或死亡人數，但當我們想要了解疫情散播的**速率**（比如病患數每隔多久就會翻倍），對數尺度才能讓我們一目瞭然。

　　請見次頁2張來自西班牙《國家報》的圖表。[7]第一張使用算術尺度，但光從此圖我們看不到第二張使用對數尺度的圖所顯示的資訊：大流行初期，死亡人數每隔5~6天就以接近10的倍數增加，接下來會漸漸趨緩。

　　疫情剛爆發時，我看到許多人把新冠病毒的致死率與流感相比較，更

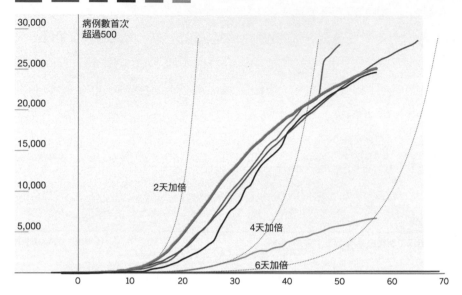

西班牙、義大利、南韓、法國、英國及德國的死亡人數變化。

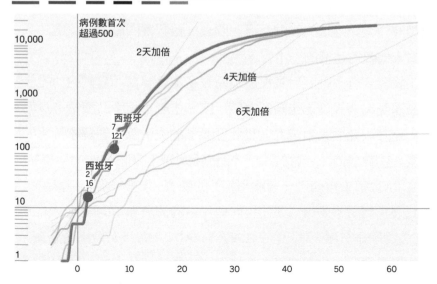

西班牙、義大利、南韓、法國、英國及德國的死亡人數變化。

糟的是，甚至有人拿心臟病或車禍死亡率來比較。這場全球流行病的死亡率（患病後不治而亡的人數）顯然遠遠超過流感。而且我相信大家都同意，心臟病和車禍都不是威力驚人的傳染病，每年死於心臟病或車禍的人數都差不多。然而，全球流行病的死亡人數可能以非線性的速率增長。比如某國今天有1人過世，而政府沒採取任何手段對抗病毒，那麼病例數每2天就會加倍增長；1個月內，這個國家可能會有30,000人不幸喪命。2個月內，死亡人數可能會上看數十萬人。

2019新冠肺炎的另一個威脅是，與此同時我們仍不知道多少人身上帶有病毒，也不確定多少人因它而喪命。也就是說我們既不知道分母，也不知道分子的實際數字，只能大略估計比例。

我在本書第三章提到，如何定義納入計算的數值會影響計算過程；此外第五章也解釋過圖表多半有不確定性。若讀者想正確判讀與新冠病毒相關的各種圖表，就得謹記這兩點。各位想必已經知道圖表中的數字看似非常精確，但不一定是實際數值。

依約翰・霍普金斯大學的資料來看，從疫情爆發到此刻，共有246,027人因新冠病毒而喪命。但「因新冠病毒而喪命」的意思是什麼？這些人是不是全死於病毒引發的併發症？是否也計算了那些**可能**死於新冠病毒的人？不同國家對此的定義是否一致？如果各國判定標準不一，那麼我們恐怕難以比較各國數據。看到任何一張圖表，我們都該確認其中數值的定義。為了了解圖表傳遞的訊息，我們必須詳讀圖表之外的文字敘述。圖表設計師有責任附上數據的細項說明，而且必須讓我以及普羅大眾（不熟悉流行病學、生物統計學和其他相關領域的人）都能理解才行。

除此之外，未來很可能會進一步更新2020年5月3日的246,027死亡人數。專家會根據歷年來同一天的平均死亡數據，計算預期死亡數據，再與實際死亡數字做比較。這兩者的差額稱做「超額死亡」（excess deaths）。疫管局表示：「除了直接因新冠病毒而死的人數之外，藉由數種統計技術，我們也能得知其他可能與此次疫情有關的死亡數據。」[8]

許多國家已經著手計算，而西班牙發現至今已有上萬起超額死亡，如
下圖。9

**西班牙每週死亡人數：預期值、新冠病毒死亡人數和實際死亡人數**

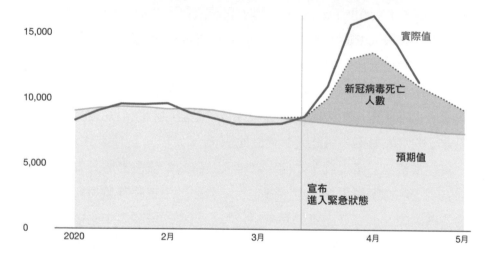

超額死亡人數中，至少會有一些終將歸為新冠病毒的受害者。因此，
當你在全球流行病期間看到一個非常精確的數字，比如此例的死亡人數
246,027人，務必謹記這只是暫時的估計值。

雖說今日的估計值必會在未來更新，但我們不用大驚小怪，也**絕不該**
因此就發表愚昧的批評，比如宣稱：「統計數據老是出錯。」我已在第五
章提過，統計數字常有**不確定性**。媒體與政府機構設計圖表時，可視情況
一併列出不確定範圍。當圖表設計者應該揭露不確定性時卻沒有這麼做，
閱聽者就可能被看似精準的圖表誤導。

此刻我們不夠了解計算值的定義，又必須在巨大壓力下即時搜集數
據，在這種情況下，不確定性會大幅提升。儘管如此，這並不是說那些數
字毫無用處。有句俗語說，用統計數據說謊很簡單，但要是少了統計數
據，人們更容易撒下漫天大謊。我最熟悉的兩個國家，美國和西班牙，都

使用目前所能取得的最佳數據。

本書第三章提及我們每天都會碰到各種數字，保持一定的懷疑是健康的，懷疑能讓我們更小心地確認數字，思考它們代表的意義。然而不理性的懷疑心態，最終會導向虛無主義，無濟於事。

預設值也是如此。疫情爆發初期，政府沒有大力推廣安全距離、落實衛生措施，檢測量也很少，那時有許多預估模型指出未來的死亡人數可能上看數十萬，甚至數百萬人。萬一實際死亡人數沒那麼多，這是否代表那些模型「出錯」？並非如此。我們必須保持戒心，等待未來的評估。預設模型看似失靈，但可能是保護措施發揮功效，得以挽回眾多性命。

簡單來說，預測模型是根據當下現有資訊所進行的可靠推測。它可能會因為數種原因而在未來改變，也可能會更新預估值數字，這都是很正常的情況。根據經驗法則，我們說明一張預測圖時最好先說：「如果維持現況，不做任何改變，那麼……」再接著說：「預估未來的確診人數會是……」

我們也得謹記，預測值不只是一個數字或圖表中的一條線，而是許多數字和許多條線：預測值是依據其他統計數據計算所得的機率分布（probability distributions），但每個統計數據都有各自的不確定範圍。簡而言之，一個預測值至少會有一個上限（最糟糕的情況）和下限（最好的情況），和一個中間值（通常也是最有可能發生的情況）。

這就是為什麼《華盛頓郵報》的一篇新聞讓我心中的警鈴大作。那篇文章的標題是：「儘管死亡人數攀升，但官員認為從目前的情況看來，那些最可怕的預測值應不會成真。」記者在文中補充：「疫情數據令人憂心，但有些官員相信那些極為慘烈的預測值不會真的發生，疫情不會造成那麼嚴重的傷害。」[10]最慘烈的數值沒有實現，其實是理所當然的事，這是基本的機率概念，根本稱不上是新聞！如果真實疫情和最慘烈的預測值**相符**或是**更糟**，這才是新聞，而且是駭人聽聞的大新聞。

更別說光是目前疫情就已經夠嚴峻了。數字和圖表會讓我們麻木不

仁，忽略它們所代表的現實。[11] 我們必須謹記，每個死亡數據都是原本活生生的人。若有機會，請各位千萬別忘了感謝醫療與相關工作人員。246,027的死亡數據，代表的是246,027條不幸早逝的無辜人命，他們都是有血有淚，快樂過也痛苦過，愛過也被愛過的人們，絕不只是冰冷的數字或圖表上的某一點。

注釋：

1.    Mariano Zafra, Patricia R. Blanco, Luis Sevillano Pires, "Casos confirmados de coronavirus en España y en el mundo," *El País*, May 4, 2020, https://elpais.com/sociedad/2020/04/09/actualidad/1586437657_937910.html.

2.    Https://coronavirus.jhu.edu/MAP.HTML.

3.    Photo from https://www.whitehouse.gov/briefings-statements/remarks-president-trump-members-coronavirus-task-force-press-briefing-2/.

4.    Harry Stevens, "Why outbreaks like coronavirus spread exponentially, and how to 'flatten the curve," *The Washington Post*, March 14, 2020, https://www.washingtonpost.com/graphics/2020/world/corona-simulator/.

5.    Alex Mahadevan, "How a blockbuster Washington Post story made 'social distancing' easy to understand," Poynter, March 18, 2020, https://www.poynter.org/reporting-editing/2020/how-a-blockbuster-washington-post-story-made-social-distancing-easy-to-understand/.

6.    Siobhan Roberts, "Flattening the Coronavirus Curve," *New York Times*, March 27, 2020, https://www.nytimes.com/article/flatten-curve-coronavirus.html.

7.    Borja Andrino, Daniele Grasso, Kiko Llaneras, "Así evoluciona la curva del coronavirus en España y en cada autonomía," *El País*, May 3, 2020, https://elpais.com/sociedad/2020/04/28/actualidad/1588071474_165592.html.

8.    Centers for Disease Control and Prevention, "Excess Deaths Associated with COVID-19," https://www.cdc.gov/nchs/nvss/vsrr/covid19/excess_deaths.htm.

9.    Borja Andrino, Daniele Grasso, Kiko Llaneras, "8000 muertes sin contabilizar: asi evoluciona el exceso de fallecidos en España y cada autonomía," *El País*, May 1, 2020, https://elpais.com/sociedad/2020/04/25/actualidad/1587831599_926231.html.

10.   Brady Dennis, William Wan, David A. Fahrenthold, "Even as deaths mount, officials see signs pandemic's toll may not match worst fears," *The Washington Post*, April 8, 2020, https://www.washingtonpost.com/politics/even-as-deaths-mount-officials-see-signs-pandemics-toll-may-not-match-worst-fears/2020/04/07/cb2d2290-78d1-11ea-9bee-c5bf9d2e3288_story.html.

11.   Scott Slovic and Paul Slovic, *Numbers and Nerves: Information, Emotion, and Meaning in a World of Data* (Oregon: Oregon State University Press, 2015).

# 致謝

　　首先，我很感謝妻子和三個孩子的支持；如果沒有他們的鼓勵，我不可能完成本書。寫書是場漫長的旅程，他們帶給我勇氣，我才能日復一日與白紙奮鬥。

　　我十分感謝數名科學家和統計學家，在讀了本書初稿後熱忱提供各種意見。尼克・考克斯（Nick Cox）細心評論每一頁並附上修正建議，才將初稿寄回。迪亞哥・古歐南（Diego Kuonen）、海瑟・克勞斯、費德瑞克・舒茲（Frédéric Schütz）和強・舒瓦必希（Jon Schwabish）過去替我寫過書評，這次也大方出力。還有許多朋友鼎力相助，包括了約翰・貝勒（John Bailer）、史蒂芬・菲（Stephen Few）、艾莉莎・福爾斯（Alyssa Fowers）、馮啟思、羅伯特・葛蘭特（Robert Grant）、班・克爾特曼（Ben Kirtman）、金・卡瓦留斯基（Kim Kowalewski）、麥可・曼恩（Michael E. Mann）、艾歷克斯・萊因哈特（Alex Reinhart）、卡麥隆・瑞歐佩爾（Cameron Riopelle）、娜歐蜜・羅賓斯（Naomi Robbins）、華特・索沙・艾斯古戴羅（Walter Sosa Escudero），以及莫瑞西歐・瓦爾加斯（Mauricio Vargas），感謝你們讓本書更好。

　　我目前任教於邁阿密大學傳播學院，這是我職業生涯中最美好的時光。我深深感謝院長葛瑞格・謝弗爾（Greg Shepherd），系主任和各教學中心主任，山姆・泰瑞利（Sam Terilli）、金・葛林非德（Kim Grinfeder），以及尼克・辛諾瑞瑪斯（Nick Tsinoremas）。

　　任教之餘，我也是名圖表設計師和顧問。我真誠感謝每一名客戶，特別是McMaster-Carr、Akerman，以及谷歌新聞實驗室的賽門・羅傑斯

（Simon Rogers）和團隊，我們長期合作研發免費的圖表製作工具。我在2017~2019年間曾公開巡迴演講，分享各種解讀、設計圖表的挑戰，也就是本書內容；我要感謝所有的主辦教育機構。那些演講正是本書的基礎。

　　我在邁阿密參與過許多場研討會，讓我聯想到本書提到的一些概念；很感謝與我同甘共苦的伊芙・克魯茲（Eve Cruz）、海倫・吉奈爾（Helen Gynell）、佩芝・摩根（Paige Morgan）、亞蒂納・哈迪瑟諾芳德斯（Athina Hadjixenofontos），以及葛蕾塔・威爾斯（Greta Wells）。

　　我在第五章解釋氣象圖的不確定之錐。現在我參與由邁阿密大學教授芭芭拉・米雷帶領的研究團隊，希望創造出更易懂的颶風圖表，讓民眾更清楚颶風來襲時的風險資訊。布羅德、史考尼・伊凡斯（Scotney Evans）和馬珠穆達也是此團隊的成員，感謝他們的參與，我們進行了許多有趣的討論。

　　最後，我要感謝經紀人大衛・福蓋特（David Fugate）。在他的指導下，我學會編寫優秀的新書提案。我也要感謝W. W. Norton出版公司的編輯杜瓊（Quynh Do）對本書滿懷熱情，帶給我許多鼓勵。我也要感謝出版社的優秀團隊，包括專案編輯黛西・札戴爾（Dassi Zeidel）、文稿編輯莎拉・強森（Sarah Johnson）、校對人員蘿拉・史塔瑞特（Laura Starrett），以及出版主任蘿倫・阿貝特（Lauren Abbate），感謝各位的勞心勞力，讓本書得以順利問世。

# 參考書目

· Bachrach, Susan, and Steven Luckert. *State of Deception: The Power of Nazi Propaganda*. New York: W. W. Norton, 2009.

· Berkowitz, Bruce. *Playfair: The True Story of the British Secret Agent Who Changed How We See the World*. Fairfax, VA: George Mason University Press, 2018.

· Bertin, Jacques. *Semiology of Graphics: Diagrams, Networks, Maps*. Redlands, CA: ESRI Press, 2011.

· Borner, Katy. *Atlas of Knowledge: Anyone Can Map*. Cambridge, MA: MIT Press, 2015.

· Bostridge, Mark. *Florence Nightingale: The Woman and Her Legend*. London: Penguin Books, 2008.

· Boyle, David. *The Tyranny of Numbers*. London: HarperCollins, 2001.

· Cairo, Alberto. *The Truthful Art: Data, Charts, and Maps for Communication*. San Francisco: New Riders, 2016.

· Caldwell, Sally. *Statistics Unplugged*. 4th ed. Belmont, CA: Wadsworth Cengage Learning, 2013.

- Card, Stuart K., Jock Mackinlay, and Ben Shneiderman. *Readings in Information Visualization: Using Vision to Think*. San Francisco: Morgan Kaufmann, 1999.

- Cleveland, William. *The Elements of Graphing Data*. 2nd ed. Summit, NJ: Hobart Press, 1994.

- Coyne, Jerry. *Why Evolution Is True*. New York: Oxford University Press, 2009.

- Deutsch, David. *The Beginning of Infinity: Explanations That Transform the World*. New York: Viking, 2011.

- Ellenberg, Jordan. *How Not to Be Wrong: The Power of Mathematical Thinking*. New York: Penguin Books, 2014.

- Few, Stephen. *Show Me the Numbers: Designing Tables and Graphs to Enlighten*. 2nd ed. El Dorado Hills, CA: Analytics Press, 2012.

- Fung, Kaiser. *Numbersense: How to Use Big Data to Your Advantage*. New York: McGraw Hill, 2013.

- Gigerenzer, Gerd. *Calculated Risks: How to Know When Numbers Deceive You*. New York: Simon and Schuster, 2002.

- Goldacre, Ben. *Bad Science: Quacks, Hacks, and Big Pharma Flacks*. New York: Farrar, Straus and Giroux, 2010.

- Haidt, Jonathan. *The Righteous Mind: Why Good People Are Divided by Politics and Religion*. New York: Vintage Books, 2012.

· Huff, Darrell. *How to Lie with Statistics*. New York: W. W. Norton, 1993.

· Kirk, Andy. *Data Visualisation: A Handbook for Data Driven Design*. Los Angeles: Sage, 2016.

· MacEachren, Alan M. *How Maps Work: Representation, Visualization, and Design*. New York: Guilford Press, 2004.

· Malamed, Connie. *Visual Language for Designers: Principles for Creating Graphics That People Understand*. Beverly, MA: Rockport Publishers, 2011.

· Mann, Michael E. *The Hockey Stick and the Climate Wars: Dispatches from the Front Lines*. New York: Columbia University Press, 2012.

· Marcus, Gary. *Kluge: The Haphazard Evolution of the Human Mind*. Boston: Mariner Books, 2008.

· Meirelles, Isabel. *Design for Information: An Introduction to the Histories, Theories, and Best Practices behind Effective Information Visualizations*. Beverly, MA: Rockport Publishers, 2013.

· Mercier, Hugo, and Dan Sperber. The Enigma of Reason. Cambridge, MA: Harvard University Press, 2017.

· Monmonier, Mark. *How to Lie with Maps*. 2nd ed. Chicago: University of Chicago Press, 2014.

· ———. *Mapping It Out: Expository Cartography for the Humanities and Social Sciences*. Chicago: University of Chicago Press, 1993.

· Muller, Jerry Z. *The Tyranny of Metrics*. Princeton, NJ: Princeton University

· Munzner, Tamara. *Visualization Analysis and Design*. Boca Raton, FL: CRC Press, 2015.

· Nichols, Tom. *The Death of Expertise: The Campaign against Established Knowledge and Why It Matters*. New York: Oxford University Press, 2017.

· Nussbaumer Knaflic, Cole. *Storytelling with Data: A Data Visualization Guide for Business Professionals*. Hoboken, NJ: John Wiley and Sons, 2015.

· Pearl, Judea, and Dana Mackenzie. *The Book of Why: The New Science of Cause and Effect*. New York: Basic Books, 2018.

· Pinker, Steven. *Enlightenment Now: The Case for Reason, Science, Humanism, and Progress*. New York: Viking, 2018.

· Prothero, Donald R. *Evolution: What the Fossils Say and Why It Matters*. New York: Columbia University Press, 2007.

· Rosling, Hans, Anna Rosling Ronnlund, and Ola Rosling. *Factfulness: Ten Reasons We're Wrong About the World: And Why Things Are Better Than You Think*. New York: Flatiron Books, 2018.

· Silver, Nate. *The Signal and the Noise: Why So Many Predictions Fail—but Some Don't*. New York: Penguin Books, 2012.

· Schum, David A. *The Evidential Foundations of Probabilistic Reasoning*. Evanston, IL: Northwestern University Press, 2001.

· Shermer, Michael. *The Believing Brain: From Ghosts and Gods to Politics and*

*Conspiracies: How We Construct Beliefs and Reinforce Them as Truths*. New York: Times Books / Henry Holt, 2011.

· Sloman, Steven, and Philip Fernbach. *The Knowledge Illusion: Why We Never Think Alone*. New York: Riverhead Books, 2017.

· Small, Hugh. *A Brief History of Florence Nightingale: And Her Real Legacy, a Revolution in Public Health*. London: Constable, 2017.

———. *Florence Nightingale: Avenging Angel*. London: Constable, 1998.

· Tavris, Carol, and Elliot Aronson. *Mistakes Were Made (but Not by Me): Why We Justify Foolish Beliefs, Bad Decisions, and Hurtful Acts*. Boston: Houghton Mifflin Harcourt, 2007.

· Tukey, John W. *Exploratory Data Analysis*. Reading, MA: Addison- Wesley, 1977.

· Wainer, Howard. *Visual Revelations: Graphical Tales of Fate and Deception From Napoleon Bonaparte to Ross Perot*. London, UK: Psychology Press, 2000.

· Ware, Colin. *Information Visualization: Perception for Design*. 3rd ed. Waltham, MA: Morgan Kaufmann, 2013.

· Wheelan, Charles. *Naked Statistics: Stripping the Dread from the Data*. New York: W. W. Norton, 2013.

· Wilkinson, Leland. *The Grammar of Graphics*. 2nd ed. New York: Springer, 2005.

· Wong, Dona M. *The Wall Street Journal Guide to Information Graphics: The Dos and Don'ts of Presenting Data, Facts, and Figures*. New York: W. W. Norton, 2013.

# 推薦書單

　　設計圖表、教導人們製作圖表二十幾年來，我發現成為一名優秀圖表解讀者的關鍵，不只在於得了解圖表的符號與語法，也必須認清圖表數據的威力與局限，同時保持謹慎之心，以防我們在無意識間就被頭腦矇騙。人的算術素養（運算力）和圖像素養（圖像解析能力）彼此相連，且與心理學素養（psychological literacy）緊密相關，可惜的是後者目前還沒有正式的稱呼詞彙。

　　若本書激起你的好奇心，讓你想進一步了解運算力，圖像解析能力及人類推理的局限，可從下列的延伸閱讀書單開始。

## 推理能力方面的書籍：

- 《錯不在我？》（*Mistakes Were Made (but Not by Me): Why We Justify Foolish Beliefs, Bad Decisions, and Hurtful Acts*），卡蘿‧塔芙瑞斯（Carol Tavris）、艾略特‧亞隆森（Elliot Aronson）合著，繆思，2010年10月出版。
- 《好人總是自以為是：政治與宗教如何將我們四分五裂》（*The Righteous Mind: why good people are divided by politics and religion*），強納森‧海德特（Jonathan Haidt）著，大塊文化，2015年3月出版。
- Mercier, Hugo, and Dan Sperber. *The Enigma of Reason*. Cambridge, MA: Harvard University Press, 2017.

## 運算力方面的書籍：

- 《小心壞科學：醫藥廣告沒有告訴你的事！》（*Bad Science: Quacks, Hacks, and Big Pharma Flacks*），班·高達可（Ben Goldacre）著，繆思，2010年5月出版。
- 《聰明學統計的13又1/2堂課：每個數據背後都有戲，搞懂才能做出正確判斷》（*Naked Statistics: Stripping the Dread from the Data*），查爾斯·惠倫（Charles Wheelan）著，先覺，2013年11月出版。
- 《數學教你不犯錯，上下冊套書：搞定期望值、認清迴歸趨勢、弄懂存在性》（*How Not to Be Wrong: The Power of Mathematical Thinking*），艾倫伯格著，天下文化，2016年3月出版。
- 《精準預測：如何從巨量雜訊中，看出重要的訊息？》（*The Signal and the Noise: Why So Many Predictions Fail—but Some Don't*），奈特·席佛（Nate Silver）著，三采，2013年9月出版。

## 圖表方面的書籍：

- Wainer, Howard. *Visual Revelations: Graphical Tales of Fate and Deception From Napoleon Bonaparte To Ross Perot*. London, UK: Psychology Press, 2000.
Wainer還寫過其他相關書籍，詳盡分析圖表如何誤導我們。
- Meirelles, Isabel. *Design for Information: An Introduction to the Histories, Theories, and Best Practices behind Effective Information Visualizations*. Beverly, MA: Rockport Publishers, 2013.
- 《Google必修的圖表簡報術Google總監首度公開絕活，教你做對圖表、說對話，所有人都聽你的！》（*Storytelling with Data: A Data Visualization Guide for Business Professionals*），柯爾·諾瑟鮑姆·娜菲

克（Cole Nussbaumer Knaflic）著，商業周刊，2016年出版。

- Monmonier, Mark. *How to Lie with Maps* . 2nd ed. Chicago: University of Chicago Press, 2014.
- Few, Stephen. *Show Me the Numbers: Designing Tables and Graphs to Enlighten*. 2nd ed. El Dorado Hills, CA: Analytics Press, 2012.

## 資訊倫理方面的書籍：

- 《大數據的傲慢與偏見：一個「圈內數學家」對演算法霸權的警告與揭發》（*Weapons of Math Destruction: How Big Data Increases Inequality and Threatens Democracy*），凱西‧歐尼爾（Cathy O'Neil）著，大寫出版，2017年6月出版。
- Broussard, Meredith. *Artificial Unintelligence: How Computers Misunderstand the World.* Cambridge, MA: MIT Press, 2018.
- Eubanks, Virginia. *Automating Inequality: How High-Tech Tools Profile, Police, and Punish the Poor*. New York: St. Martin's Press, 2017.

最後，如果你想進一步了解前面提到的圖表，歡迎前往本書網站：http://www.howchartslie.com。

圖表會說謊：圖表設計大師教你如何揪出圖表中的魔鬼，
不再受扭曲資訊操弄／艾爾伯托·凱洛（Alberto Cairo）
著；洪夏天譯. -- 初版. -- 臺北市：商周出版：家庭傳媒城邦
分公司發行, 2020.10
　　面；　公分. -- (View point；104)
譯自：How charts lie: getting smarter about visual information
ISBN 978-986-477-922-2(平裝)

1.圖表 2.視覺設計

494.6　　　　　　　　　　　　　　　　　　109013900

ViewPoint 104

# 圖表會說謊：圖表設計大師教你如何揪出圖表中的魔鬼，不再受扭曲資訊操弄

作　　　者／艾爾伯托·凱洛（Alberto Cairo）
譯　　　者／洪夏天
企 劃 選 書／羅珮芳
責 任 編 輯／羅珮芳
版　　　權／黃淑敏、吳亭儀、邱珮芸
行 銷 業 務／周佑潔、黃崇華、張媖茜
總 編 輯／黃靖卉
總 經 理／彭之琬
事業群總經理／黃淑貞
發 行 人／何飛鵬
法 律 顧 問／元禾法律事務所 王子文律師
出　　　版／商周出版
　　　　　　台北市104民生東路二段141號9樓
　　　　　　電話：(02) 25007008　傳真：(02)25007759
　　　　　　E-mail:bwp.service@cite.com.tw
發　　　行／英屬蓋曼群島商家庭傳媒股份有限公司城邦分公司
　　　　　　台北市中山區民生東路二段141號2樓
　　　　　　書虫客服服務專線：02-25007718、02-25007719
　　　　　　24小時傳真服務：02-25001990、02-25001991
　　　　　　服務時間：週一至週五上午09:30-12:00；下午13:30-17:00
　　　　　　劃撥帳號：19863813；戶名：書虫股份有限公司
　　　　　　讀者服務信箱E-mail：service@readingclub.com.tw
　　　　　　城邦讀書花園：www.cite.com.tw
香 港 發 行 所／城邦（香港）出版集團有限公司
　　　　　　香港灣仔駱克道193號東超商業中心1F；E-mail：hkcite@biznetvigator.com
　　　　　　電話：(852)25086231 傳真：(852)25789337
馬 新 發 行 所／城邦（馬新）出版集團【Cite (M) Sdn Bhd】
　　　　　　41, Jalan Radin Anum, Bandar Baru Sri Petaling,
　　　　　　57000 Kuala Lumpur, Malaysia.
　　　　　　電話：(603) 90578822 傳真：(603) 90576622
　　　　　　Email: cite@cite.com.my

封 面 設 計／林曉涵
內 頁 排 版／陳健美
印　　　刷／韋懋印刷事業有限公司
經　　　銷／聯合發行股份有限公司
　　　　　　地址：新北市231新店區寶橋路235巷6弄6號2樓
　　　　　　電話：(02)2917-8022　傳真：(02)2911-0053

■2020年10月6日初版　　　　　　　　　　　　　　　Printed in Taiwan
定價380元

# 城邦讀書花園
www.cite.com.tw

How Charts Lie: Getting Smarter about Visual Information by Alberto Cairo
Copyright © 2019 by Alberto Cairo
Published by arrangement with W. W. Norton & Company, Inc. through Bardon-Chinese Media Agency 博達著作權代理有限公司
Complex Chinese translation copyright © 2020 by Business Weekly Publications, a division of Cite Publishing Ltd.
ALL RIGHTS RESERVED

商周出版

| 廣 告 回 函 |
| --- |
| 北區郵政管理登記證 |
| 北臺字第000791號 |
| 郵資已付,免貼郵票 |

**104　台北市民生東路二段141號2樓**

英屬蓋曼群島商家庭傳媒股份有限公司城邦分公司　收

- - - - - - - - - - - - - - - - - - - - - - - - - - - - - -

請沿虛線對摺,謝謝!

商周出版

| 書號:BU3104 | 書名:圖表會說謊 | 編碼: |
| --- | --- | --- |

 商周出版

# 讀者回函卡

感謝您購買我們出版的書籍！請費心填寫此回函卡，我們將不定期寄上城邦集團最新的出版訊息。

不定期好禮相贈！
立即加入：商周出版
Facebook 粉絲團

姓名：＿＿＿＿＿＿＿＿＿＿＿＿＿＿＿＿＿＿＿＿＿ 性別：□男 □女

生日：西元＿＿＿＿＿＿年＿＿＿＿＿月＿＿＿＿＿日

地址：＿＿＿＿＿＿＿＿＿＿＿＿＿＿＿＿＿＿＿＿＿＿

聯絡電話：＿＿＿＿＿＿＿＿＿＿＿ 傳真：＿＿＿＿＿＿＿＿＿

E-mail：

學歷：□ 1. 小學 □ 2. 國中 □ 3. 高中 □ 4. 大學 □ 5. 研究所以上

職業：□ 1. 學生 □ 2. 軍公教 □ 3. 服務 □ 4. 金融 □ 5. 製造 □ 6. 資訊

　　　□ 7. 傳播 □ 8. 自由業 □ 9. 農漁牧 □ 10. 家管 □ 11. 退休

　　　□ 12. 其他＿＿＿＿＿＿＿＿＿＿＿＿＿＿＿＿＿＿

您從何種方式得知本書消息？

　　　□ 1. 書店 □ 2. 網路 □ 3. 報紙 □ 4. 雜誌 □ 5. 廣播 □ 6. 電視

　　　□ 7. 親友推薦 □ 8. 其他＿＿＿＿＿＿＿＿＿＿＿＿＿＿

您通常以何種方式購書？

　　　□ 1. 書店 □ 2. 網路 □ 3. 傳真訂購 □ 4. 郵局劃撥 □ 5. 其他＿＿＿

您喜歡閱讀那些類別的書籍？

　　　□ 1. 財經商業 □ 2. 自然科學 □ 3. 歷史 □ 4. 法律 □ 5. 文學

　　　□ 6. 休閒旅遊 □ 7. 小說 □ 8. 人物傳記 □ 9. 生活、勵志 □ 10. 其他

對我們的建議：＿＿＿＿＿＿＿＿＿＿＿＿＿＿＿＿＿＿＿＿＿

＿＿＿＿＿＿＿＿＿＿＿＿＿＿＿＿＿＿＿＿＿＿＿＿＿＿＿

＿＿＿＿＿＿＿＿＿＿＿＿＿＿＿＿＿＿＿＿＿＿＿＿＿＿＿